高等职业教育工程造价专业
教学基本要求

高职高专教育土建类专业教学指导委员会
工程管理类专业分指导委员会 编制

U0351034

中国建筑工业出版社

图书在版编目(CIP)数据

高等职业教育工程造价专业教学基本要求/高职高专教育土建类专业教学指导委员会工程管理类专业分指导委员会编制. —北京：中国建筑工业出版社，2013.1

ISBN 978-7-112-15032-8

Ⅰ. ①高… Ⅱ. ①高… Ⅲ. ①建筑工程-工程造价-高等职业教育-教学参考资料 Ⅳ. ①TU723.3

中国版本图书馆 CIP 数据核字（2013）第 008401 号

责任编辑：朱首明　张　晶
责任设计：李志立
责任校对：姜小莲　王雪竹

高等职业教育工程造价专业教学基本要求

高职高专教育土建类专业教学指导委员会
工程管理类专业分指导委员会 编制

*

中国建筑工业出版社出版、发行(北京西郊百万庄)

各地新华书店、建筑书店经销
北京红光制版公司制版
北京同文印刷有限责任公司印刷

*

开本：787×1092毫米　1/16　印张：4¾　字数：114千字
2012 年 12 月第一版　2012 年 12 月第一次印刷
定价：**17.00** 元
ISBN 978-7-112-15032-8
(23138)

土建类专业教学基本要求审定委员会名单

主　　任： 吴　泽

副主任： 王凤君　　袁洪志　　徐建平　　胡兴福

委　　员： （按姓氏笔划排序）

丁夏君　马松雯　王　强　危道军　刘春泽

李　辉　张朝晖　陈锡宝　武　敬　范柳先

季　翔　周兴元　赵　研　贺俊杰　夏清东

高文安　黄兆康　黄春波　银　花　蒋志良

谢社初　裴　杭

出 版 说 明

近年来，土建类高等职业教育迅猛发展。至 2011 年，开办土建类专业的院校达 1130 所，在校生近 95 万人。但是，各院校的土建类专业发展极不平衡，办学条件和办学质量参差不齐，有的院校开办土建类专业，主要是为满足行业企业粗放式发展所带来的巨大人才需求，而不是经过办学方的长远规划、科学论证和科学决策产生的自然结果。部分院校的人才培养质量难以让行业企业满意。这对土建类专业本身的和土建类专业人才的可持续发展，以及服务于行业企业的技术更新和产业升级带来了极大的不利影响。

正是基于上述原因，高职高专教育土建类专业教学指导委员会（以下简称"土建教指委"）遵从"研究、指导、咨询、服务"的工作方针，始终将专业教育标准建设作为一项核心工作来抓。2010 年启动了新一轮专业教育标准的研制，名称定为"专业教学基本要求"。在教育部、住房和城乡建设部的领导下，在土建教指委的统一组织和指导下，由各分指导委员会组织全国不同区域的相关高等职业院校专业带头人和骨干教师分批进行专业教学基本要求的开发。其工作目标是，到 2013 年底，完成《普通高等学校高职高专教育指导性专业目录（试行）》所列 27 个专业的教学基本要求编制，并陆续开发部分目录外专业的教学基本要求。在百余所高等职业院校和近百家相关企业进行了专业人才培养现状和企业人才需求的调研基础上，历经多次专题研讨修改，截至 2012 年 12 月，完成了第一批 11 个专业教学基本要求的研制工作。

专业教学基本要求集中体现了土建教指委对本轮专业教育标准的改革思想，主要体现在两个方面：

第一，为了给各院校留出更大的空间，倡导各学校根据自身条件和特色构建校本化的课程体系，各专业教学基本要求只明确了各专业教学内容体系（包括知识体系和技能体系），不再以课程形式提出知识和技能要求，但倡导工学结合、理实一体的课程模式，同时实践教学也应形成由基础训练、综合训练、顶岗实习构成的完整体系。知识体系分为知识领域、知识单元和知识点三个层次。知识单元又分为核心知识单元和选修知识单元。核心知识单元提供的是知识体系的最小集合，是该专业教学中必要的最基本的知识单元；选修知识单元是指不在核心知识单元内的那些知识单元。核心知识单元的选择是最基本的共性的教学要求，选修知识单元的选择体现各校的不同特色。同样，技能体系分为技能领域、技能单元和技能点三个层次。技能单元又分为核心技能单元和选修技能单元。核心技能单元是该专业教学中必要的最基本的技能单元；选修技能单元是指不在核心技能单元内的那些技能单元。核心技能单元的选择是最基本的共性的教学要求，选修技能单元的选择体现各校的不同特色。但是，考虑到部分院校的实际教学需求，专业教学基本要求在附录

1《专业教学基本要求实施示例》中给出了课程体系组合示例，可供有关院校参考。

第二，明确提出了各专业校内实训及校内实训基地建设的具体要求（见附录2），包括：实训项目及其能力目标、实训内容、实训方式、评价方式，校内实训的设备（设施）配置标准和运行管理要求，实训师资的数量和结构要求等。实训项目分为基本实训项目、选择实训项目和拓展实训项目三种类型。基本实训项目是与专业培养目标联系紧密，各院校必须开设，且必须在校内完成的职业能力训练项目；选择实训项目是与专业培养目标联系紧密，各院校必须开设，但可以在校内或校外完成的职业能力训练项目；拓展实训项目是与专业培养目标相联系，体现专业发展特色，可根据各院校实际需要开设的职业能力训练项目。

受土建教指委委托，中国建筑工业出版社负责土建类各专业教学基本要求的出版发行。

土建类各专业教学基本要求是土建教指委委员和参与这项工作的教师集体智慧的结晶，谨此表示衷心的感谢。

高职高专教育土建类专业教学指导委员会
2012 年 12 月

前　言

《高等职业教育工程造价专业教学基本要求》是根据教育部《关于委托各专业类教学指导委员会制（修）定"高等职业教育专业教学基本要求"的通知》（教职成司函【2011】158号）和住房和城乡建设部的有关要求，在高职高专教育土建类专业教学指导委员会的组织领导下，由工程管理类专业分指导委员会编制完成。

本教学基本要求编制过程中，对职业岗位、专业人才培养目标与规格，专业知识体系与专业技能体系等开展了广泛调查研究，认真总结实践经验，经过广泛征求意见和多次修改而定稿。本要求是高等职业教育工程造价专业建设的指导性文件。

本教学基本要求主要内容是：专业名称、专业代码、招生对象、学制与学历、就业面向、培养目标与规格、职业证书、教育内容及标准、专业办学基本条件和教学建议、继续专业学习深造建议；包括两个附录，一个是"工程造价专业教学基本要求实施示例"，一个是"高职高专教育工程造价专业校内实训及校内实训基地建设导则"。

本教学基本要求适用于以普通高中毕业生为招生对象、三年学制的工程造价专业，教育内容包括知识体系和技能体系，倡导各学校根据自身条件和特色构建校本化的课程体系，课程体系应覆盖知识/技能体系的知识/技能单元尤其是核心知识/技能单元，倡导工学结合、理实一体的课程模式。

主　编　单　位：四川建筑职业技术学院

参　编　单　位：山西建筑职业技术学院　广西建设职业技术学院

主要起草人员：袁建新　胡晓娟　汪世亮　侯　兰　李剑心

主要审查人员：李　辉　黄兆康　夏清东　田恒久　刘　阳　刘建军　张秀萍

　　　　　　　李永光　李洪军　李英俊　陈润生　胡六星　郭起剑　王艳萍等

专业指导委员会衷心地希望，全国各有关高职院校能够在本文件的原则性指导下，进行积极的探索和深入的研究，为不断完善工程造价专业的建设与发展作出自己的贡献。

高职高专教育土建类专业教学指导委员会

工程管理类专业分指导委员会主任　李辉

目　　录

高等职业教育工程造价专业教学基本要求

1　专业名称

工程造价

2　专业代码

560502

3　招生对象

普通高中毕业生

4　学制与学历

三年制，专科

5　就业面向

5.1　就业职业领域

面向建设单位、设计单位、房地产开发企业、施工企业、工程造价咨询、招标代理、工程监理、工程项目管理等机构。

5.2　初始就业岗位群

主要职业岗位造价员，相近职业岗位资料员。

5.3　发展岗位群

从事工程造价专业工作5年后，可以通过国家执业资格考试，获得造价工程师工作的有关岗位。

6 培养目标与规格

6.1 培养目标

培养适应社会主义市场经济需要，面向建设单位、设计单位、施工企业、工程造价咨询、招标代理、工程监理、工程咨询或工程造价管理等单位工程造价岗位，在牢固掌握工程造价基础理论和专业技术基础上，从事设计概算、施工图预算、工程量清单、投标报价、工程结算编制等工作，能吃苦耐劳、具有奉献精神的高级技术技能人才。

6.2 人才培养规格

1. 基本素质

思想素质：科学的世界观、人生观、价值观，良好的职业道德。

身体素质：健康的体魄，良好的心理。

文化素质：必要的人文社会科学知识、良好的语言表达能力和社交能力，熟练的计算机应用能力，健全的法律意识，有一定创新精神和创业能力。

专业素质：具有一定的工程技术知识，扎实的识图能力和工程量计算能力，熟练的工程造价计价能力和控制能力，一定的工程索赔能力和合同管理能力，能用计算机熟练地编制预结算和工程投标报价的能力。

2. 知识要求

理解常用建筑、装饰材料及制品的名称、规格性能、质量标准、检验方法、储备保管、使用等方面的知识；了解投影原理，熟悉建筑制图标准和建筑施工图的绘制方法，理解工业与民用建筑、结构的一般构造；了解一般工业与民用建筑各主要分部分项工程的施工工艺、程序、质量标准；了解建筑工程室内给排水、供暖、电气照明工程主要设备的性能、系统组成、工作原理和施工工艺。

理解统计学的一般原理，掌握建筑统计的基本方法；了解经济法的基础知识，理解与建筑市场相关的常用建设、经济法规。

熟悉会计要素的构成，会计原理、基本方法和程序；理解建筑企业资产、负债、所有者权益、收入、损益的核算方法，工程、产品、作业成本的计算方法和财务报表的编制方法；了解建筑企业财务管理的基本知识和基本方法。

了解管理原理，掌握建筑工程项目管理的一般内容和方法；理解建筑工程施工组织设计的内容和编制方法。

3. 能力要求

能结合建筑工程施工生产活动过程，从事工程造价计价和控制工作，参与工程项目管理，完成工程索赔及工程结算等工作。

能运用市场经济、建筑经济基本原理分析和解决工程造价管理工作中的一般问题；能进行建筑统计主要指标的计算和初步分析；能在工程造价管理工作中依法办事。

掌握建筑工程定额的原理和应用方法；掌握建筑、装饰、安装工程预算和结算的编制程序和方法；掌握建设工程工程量清单计价的理论与方法；掌握工程造价电算化的方法；熟悉工程招标投标的程序；熟悉工程造价控制的基本方法。

能熟练地使用预算定额，编制工程预算；能熟练地应用消耗量定额编制工程量清单报价；掌握工程造价应用程序，会用计算机编制预算、工程量清单报价；能熟练地完成工程投标报价的各项工作；能熟练地处理工程索赔方面的各项工作；会编制工程结算。

能运用财务会计方面的知识进行工程成本分析和处理工程造价方面的经济问题。

能参与企业基层组织经营管理和施工项目管理。

4. 职业态度

良好的职业道德和诚信品质，较强的敬业精神和责任意识，较好地团队协作能力，吃苦耐劳、勤奋好学、实干创新精神。

7 职业证书

初始证书：全国建设工程造价员

发展证书：全国注册造价工程师

8 教育内容及标准

8.1 专业教育内容体系框架

表 1

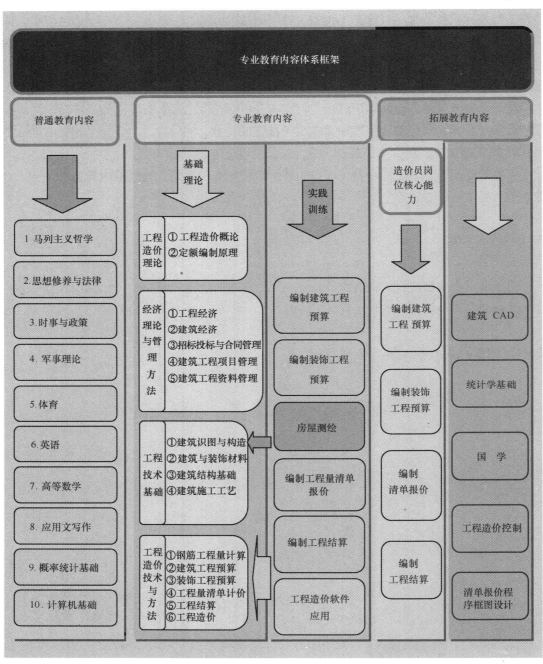

专业教育内容体系框架

普通教育内容	专业教育内容	拓展教育内容

基础理论

实践训练

造价员岗位核心能力

1. 马列主义哲学

工程造价理论
①工程造价概论
②定额编制原理

2. 思想修养与法律

经济理论与管理方法
①工程经济
②建筑经济
③招标投标与合同管理
④建筑工程项目管理
⑤建筑工程资料管理

编制建筑工程预算

编制建筑工程预算

建筑 CAD

3. 时事与政策

编制装饰工程预算

编制装饰工程预算

统计学基础

4. 军事理论

5. 体育

6. 英语

工程技术基础
①建筑识图与构造
②建筑与装饰材料
③建筑结构基础
④建筑施工工艺

房屋测绘

国学

7. 高等数学

编制工程量清单报价

编制清单报价

8. 应用文写作

工程造价控制

9. 概率统计基础

工程造价技术与方法
①钢筋工程量计算
②建筑工程预算
③装饰工程预算
④工程量清单计价
⑤工程结算
⑥工程造价

编制工程结算

编制工程结算

10. 计算机基础

工程造价软件应用

清单报价程序框图设计

4

8.2 专业教学内容及标准

1. 专业知识、技能体系一览

工程造价专业知识体系一览表 表2

知 识 领 域		知 识 单 元	知 识 点
1. 工程造价原理	核心知识单元	（1）工程计价原理	1）定额计价方式
			2）清单计价方式
			3）建筑产品特性
			4）工程造价计价理论
		（2）工程单价	1）人工单价编制
			2）材料单价编制
			3）机械台班单价编制
		（3）计价方法	1）投资估算方法
			2）设计概算方法
			3）施工图预算方法
			4）工程结算方法
			5）清单计价方法
		（4）技术测定法	1）施工过程研究
			2）工作时间研究
			3）测时法
			4）写实记录法
			5）工作日写实法
		（5）定额编制方法	1）人工定额编制
			2）材料消耗定额编制
			3）机械台班定额编制
			4）企业定额编制
			5）预算定额编制
			6）概算定额编制
2. 经济理论与管理方法	核心知识单元	（1）建设项目评价原理与指标	1）现金流量计算方法
			2）资金时间价值计算
			3）经济评价基本原理
			4）基本指标及计算方法
		（2）建设项目评价内容与方法	1）项目国民经济评价内容及方法
			2）项目多方案经济比较与选择方法
			3）工程项目可行性分析内容及方法
			4）工程项目后评价内容及方法
		（3）建筑业概述	1）建筑业
			2）建筑活动的相关机构

知识领域	知识单元		知 识 点
2. 经济理论与管理方法	核心知识单元	（4）建筑产品与建筑市场	1）建筑生产
			2）建筑产品
			3）建筑市场概述
			4）建筑市场交易
			5）建筑市场规范和管理
		（5）工程招标投标	1）建筑项目的管理方法
			2）招标投标的基本条件、原则及方法
			3）建设工程施工招标的程序及相关规定
			4）建设工程投标的程序及相关规定
			5）建设工程招标代理的范围及相关规定
		（6）合同管理	1）合同的内容、订立程序、效力、担保及变更
			2）监理合同的内容和管理
			3）勘察设计合同的内容和管理
			4）施工合同的内容和管理
			5）物资采购合同的内容和管理
			6）合同索赔的类型及程序
		（7）建筑工程项目管理	1）建筑工程项目管理
			2）建筑工程项目管理组织
			3）流水施工的组织
			4）网络计划技术
			5）建筑工程施工组织
			6）建筑工程项目成本管理
			7）建筑工程施工质量、安全和文明施工管理
			8）建筑工程质量验收、备案和保修
			9）建筑工程项目信息管理
		（8）资料管理	1）建筑工程资料管理的内容和相关制度
			2）建筑工程签证资料的管理方法
			3）建筑工程索赔资料的管理方法
			4）建筑工程竣工资料的管理方法
			5）建筑工程其他技术资料的内容及管理方法
	选修知识单元	（1）建筑统计指标	1）建筑企业基本情况统计的统计指标体系
			2）统计设计、调查、整理的内容和方法
			3）统计指标的内容及计算方法
		（2）建筑统计方法	1）生产活动统计的内容及方法
			2）劳动工资统计的内容及方法
			3）材料统计的内容及方法
			4）经济效益统计与分析的内容及方法

知识领域	知识单元	知识单元	知识点
2. 经济理论与管理方法	选修知识单元	（3）会计原理	1）会计的职能、要素、基本前提及一般原则
			2）会计科目及会计账户
			3）记账方法
		（4）会计核算	1）借贷记账法的特点
			2）施工企业主要经营过程的核算
			3）会计账簿
			4）财产清查的方法及账务处理
			5）会计报告的内容及识读
			6）会计核算程序
		（5）材料计划与采购管理	1）计划管理的内容与方法
			2）采购管理的内容与方法
			3）运输管理的内容与方法
			4）储备管理的内容与方法
			5）施工现场材料管理的内容与方法
			6）周转材料、工具、劳动保护用品管理的内容与方法
		（6）材料核算	1）材料核算内容
			2）材料核算方法
3. 工程技术基础	核心知识单元	（1）建筑材料的分类与应用	1）建筑材料的基本性质
			2）气硬性胶凝材料的分类及应用
			3）水泥的分类及应用
			4）混凝土的分类及应用
			5）砂浆的分类及应用
			6）建筑钢材的分类及应用
			7）墙体材料的分类及应用
			8）屋面材料的分类及应用
			9）木材的分类及应用
		（2）装饰材料的分类与应用	1）建筑装饰材料的内容、分类及应用
			2）天然石材的分类及应用
			3）建筑塑料的分类及应用
			4）油漆、涂料的分类及应用
		（3）民用建筑构造	1）民用建筑的组成
			2）民用建筑分类
			3）基础的类型及构造
			4）墙体的分类及构造
			5）楼地面的组成及构造
			6）屋顶的类型及构造
			7）楼梯的类型及构造
			8）门、窗的类型及构造

知识领域	知识单元		知识点
3. 工程技术基础	核心知识单元	（4）工业建筑构造	1）工业建筑的组成
			2）工业建筑的分类
			3）基础的类型及构造
			4）墙体的分类及构造
			5）楼地面的组成及构造
			6）屋顶的类型及构造
			7）楼梯的类型及构造
			8）门、窗的类型及构造
		（5）建筑结构组成与基本构件	1）建筑结构的组成及类型
			2）混凝土结构的基本构件
		（6）建筑结构类型及构造	1）地基与基础的受力特点及构造
			2）钢筋混凝土楼（屋）盖的类型及构造
			3）钢筋混凝土多层及高层结构的类型及构造
			4）砌体结构的种类及构造
		（7）建筑施工内容与工艺	1）土方工程施工内容与工艺
			2）地基与基础工程施工内容与工艺
			3）砌体工程施工内容与工艺
			4）钢筋混凝土工程施工内容与工艺
			5）预应力混凝土工程施工内容与工艺
			6）结构吊装工程施工内容与工艺
			7）防水工程施工内容与工艺
			8）装饰工程施工内容与工艺
			9）高层建筑施工内容与工艺
			10）常用安装工程材料的名称、规格
	选修知识单元	（1）建筑强、弱电安装基础	1）建筑变配电系统及施工图识图
			2）动力及电气照明工程的构成、施工工艺及施工图识图
			3）架空线路工程、电缆线路工程的构成、施工工艺及施工图识图
			4）防雷与接地工程的构成、施工工艺及施工图识图
			5）火灾自动报警系统、共用天线电视系统等构成、施工工艺及施工图识图
		（2）给排水、采暖通风安装基础	1）建筑给水排水与燃气工程的构成、施工工艺及施工图识图
			2）供暖工程的形式、构成、施工工艺及施工图识图
			3）通风空调工程的构成、施工工艺及施工图识图
			4）制冷机房、换热站、锅炉房等管道工程的构成、施工工艺及施工图识图

知识领域	知识单元		知识点
4. 工程造价技术与方法	核心知识单元	（1）钢筋工程量计算	1）钢筋工程量计算依据
			2）钢筋重量计算方法
			3）基础钢筋工程量计算
			4）柱钢筋工程量计算
			5）梁钢筋工程量计算
			6）板钢筋工程量计算
			7）墙钢筋工程量计算
			8）楼梯钢筋工程量计算
			9）预制构件钢筋工程量计算
		（2）建筑工程预算定额应用	1）预算定额的内容构成
			2）预算定额的换算
		（3）建筑安装工程费用划分与计算方法	1）建筑安装工程费用划分
			2）建筑安装工程费用计算方法
		（4）建筑工程量计算	1）建筑面积计算
			2）土石方工程量计算
			3）砖石分部工程量计算
			4）脚手架工程量计算
			5）混凝土分部工程量计算
			6）金属结构工程量计算
			7）门窗工程量计算
			8）楼地面工程量计算
			9）屋面工程量计算
			10）装饰工程量计算
		（5）建筑工程造价费用计算	1）直接费计算及工料机用量分析
			2）间接费计算
			3）利润与税金计算
		（6）装饰工程预算定额应用	1）装饰工程预算定额内容构成
			2）装饰工程预算定额换算
		（7）装饰工程量计算	1）楼地面工程量计算
			2）墙柱面工程量计算
			3）天棚工程量计算
			4）门窗工程量计算
			5）油漆、涂料工程量计算
		（8）装饰工程造价费用计算	1）直接费计算及工料机分析
			2）间接费计算
			3）利润与税金计算

知识领域	知识单元		知 识 点
4. 工程造价技术与方法	核心知识单元	（9）工程量清单编制	1）工程量清单计价规范概述
			2）清单计价与定额计价的联系与区别
			3）工程量清单计价表格使用
			4）建筑工程量清单编制
			5）装饰装修工程量清单编制
			6）安装工程量清单编制
		（10）工程量清单报价编制	1）分部分项工程量清单项目综合单价编制
			2）措施项目清单项目综合单价编制
			3）分部分项工程量清单项目费计算
			4）措施项目清单费计算
			5）其他项目清单费计算
			6）规范项目清单费计算
			7）税金项目清单费计算
		（11）工程量调整	1）工程结算编制步骤
			2）结算资料整理和审核
			3）工程量签证资料复核
			4）工程量增减计算
		（12）费用调整	1）人工费调整计算
			2）材料费调整计算
			3）机械台班费调整计算
			4）管理费调整计算
		（13）结算书编制	1）利润和税金调整计算
			2）汇总编出工程结算书
		（14）工程量计算软件应用	1）建筑工程量计算软件应用
			2）钢筋工程量计算软件应用
		（15）建筑工程计价软件应用	1）工程造价计价软件应用
	选修知识单元	（1）安装工程预算定额应用	1）安装预算定额的内容构成
			2）安装预算定额的换算
		（2）安装工程预算费用划分	1）安装工程费用的划分
			2）安装工程费用计算方法
		（3）安装工程量计算	1）室内给水安装工程量计算
			2）室内排水工程量计算
			3）电气照明工程量计算
		（4）安装工程费用计算	1）直接费计算及工料机用量分析
			2）间接费计算
			3）利润与税金计算

技　能　领　域	技　能　单　元		技　能　点
1. 工程技术基础	核心技能单元	（1）建筑识图	1）建筑平面图绘制
			2）建筑立面图绘制
			3）建筑剖面图绘制
			4）建筑详图绘制
		（2）建筑材料检测	1）水泥检测
			2）砂、石检测
			3）混凝土试配与检测
			4）钢筋检测
			5）墙体材料检测
	选修技能单元	（1）安装识图	1）室内给水管道图绘制
			2）室内排水管道图绘制
			3）电气照明线路图绘制
			4）电气照明开关位置图绘制
2. 工程造价技术与方法	核心技能单元	（1）建筑工程预算	1）计算建筑工程量
			2）套用预算定额
			3）直接费计算及工料分析
			4）间接费计算
			5）利润、税金计算及工程造价费用汇总
		（2）装饰工程预算	1）计算装饰工程量
			2）套用装饰预算定额
			3）直接费计算及工料分析
			4）间接费计算
			5）利润、税金计算及工程造价费用汇总
		（3）工程量清单编制	1）清单工程量计算
			2）分部分项工程量清单编制
			3）措施项目清单编制
			4）其他项目清单编制
			5）规费与税金项目清单编制
		（4）工程量清单报价	1）复核分部分项工程量清单
			2）综合单价计算
			3）分部分项工程项目费计算
			4）措施项目费计算
			5）其他项目费计算
			6）规费项目费计算
			7）税金项目费计算

技能领域	技能单元		技能点
2. 工程造价技术与方法	核心技能单元	（5）工程结算	1）工程量调整计算
			2）人工费调整计算
			3）材料费调整计算
			4）机械费调整计算
			5）管理费调整计算
			6）工程造价调整计算
		（6）计量、计价软件应用	1）建筑工程量计算
			2）装饰工程量计算
			3）钢筋工程量计算
			4）工程量清单报价书编制
		（7）造价综合训练	1）职业能力分析
			2）工作内容分析
			3）综合实训指导
	选修技能单元	（1）水电安装工程预算	1）计算水电安装工程量
			2）套用安装预算定额
			3）直接费计算及工料分析
			4）间接费计算
			5）利润、税金计算及工程造价费用汇总

2. 核心知识单元、技能单元教学要求

工程计价原理知识单元教学要求　　　　　　　　　　　表 4

单元名称	工程计价原理	最低学时	10 学时
教学目标	理解建筑产品特性、熟悉两种计价方式、掌握计价理论		
教学内容	知识点 1. 建筑产品特性 产品生产的单件性、建设地点的固定性、施工生产的流动性 知识点 2. 工程造价计价理论 基本建设项目划分、确定工程造价的基本前提、确定工程造价数学模型、单位估价法数学模型、实物金额法数学模型、清单报价数学模型 知识点 3. 定额计价方式 计价方式的概念、施工图预算的概念、施工图预算构成要素、施工图预算编制步骤、施工图预算编制实例 知识点 4. 清单计价方式 工程量清单计价的概念、工程量清单报价编制内容、清单报价编制步骤、工程量清单报价编制实例		
教学方法建议	1. 讲授法 2. 案例教学法 3. 多媒体演示法 4. 螺旋进度教学法		
考核评价要求	1. 课堂提问、课后练习 2. 完成给定的案例、五级评分		

单元名称	工程单价	最低学时	20 学时
教学目标	理解工程单价的含义、熟悉机械台班单价编制方法、掌握人工单价、材料单价编制方法		
教学内容	知识点 1. 人工单价 人工单价的概念、人工单价的内容构成、人工单价编制方法 知识点 2. 材料单价 材料单价的概念、加权平均原价计算、加权平均运费计算、装卸费计算、运输损耗计算、采购保管费计算 知识点 3. 机械台班单价 机械台班单价的概念、台班折旧费计算、台班大修理费计算、台班经常修理费计算、台班安拆及场外运输费计算、燃料动力费计算、人工费计算、养路费及车船使用税计算		
教学方法建议	1. 讲授法 2. 案例教学法 3. 小组讨论法		
考核评价要求	1. 学生自评 2. 完成给定的案例、五级评分		

单元名称	计价方法	最低学时	20 学时
教学目标	理解投资估算方法、了解设计概算方法、掌握施工图预算和清单计价方法、熟悉工程结算方法		
教学内容	知识点 1. 投资估算方法 建设项目投资估算的内容、建设项目投资估算编制方法、静态投资估算法、生产能力指数法、比例估算法、系数估算法、建设投资估算案例 知识点 2. 设计概算方法 设计概算的概念、用概算定额编制概算、用概算指标编制概算、用类似工程预算编制概算、设计概算编制实例 知识点 3. 施工图预算方法 施工图预算的概念、施工图预算的编制步骤及依据、工程量计算规则、直接费计算及工料分析、材料价差调整、间接费计算、利润与税金计算、施工图预算编制实例 知识点 4. 工程结算方法 工程结算的概念、工程结算的内容、工程结算的编制依据、工程结算的编制程序和方法、工程结算编制实例 知识点 5. 清单计价方法 工程量清单计价的概念、建设工程工程量清单计价规范、工程量清单编制内容和步骤、工程量清单报价编制内容和步骤、工程量清单和工程量清单报价编制实例		
教学方法建议	1. 讲授法 2. 小组讨论法 3. 案例教学法		
考核评价要求	1. 课堂提问 2. 学生自评 3. 完成给定的案例、五级评分		

技术测定法知识单元教学要求　　　　　　　　　　　　　　表 7

单元名称	技术测定法	最低学时	10 学时
教学目标	理解施工过程的分类、了解工作时间的划分、掌握测时法的方法、熟悉工作日写实方法		
教学内容	知识点 1. 施工过程研究 施工过程的概念、施工过程的划分、工序、工作过程、综合工作过程 知识点 2. 工作时间研究 工作时间的概念、定额工作时间与非定额工作时间的划分、基本工作时间、辅助工作时间、不可避免损失的工作时间、休息时间、施工本身原因造成损失的时间 知识点 3. 测时法 测时法的概念、循环施工过程、非循环施工过程、接续法测时、选择法测时、测时法的数据整理 知识点 4. 写实记录法 写实记录法的概念、数示法写实记录、混合法写实记录、写实记录数据整理 知识点 5. 工作日写实 工作日写实的概念、工作日写实法、工作日写实数据整理		
教学方法建议	1. 多媒体演示法 2. 讲授法 3. 小组讨论法 4. 案例教学法		
考核评价要求	1. 课堂提问 2. 完成给定的案例、五级评分 3. 学生自评		

定额编制方法知识单元教学要求　　　　　　　　　　　　　　表 8

单元名称	定额编制方法	最低学时	20 学时
教学目标	理解定额的分类、掌握人工定额编制方法、掌握材料消耗定额编制方法、熟悉企业定额、预算定额和概算定额编制方法		
教学内容	知识点 1. 人工定额编制 人工定额的概念、人工定额的编制原则、人工定额的拟定 知识点 2. 材料消耗定额编制 材料消耗定额的概念、材料消耗定额的构成、直接性材料消耗定额的编制、周转性材料消耗定额的编制 知识点 3. 机械台班定额编制 机械台班定额的概念、机械台班定额的表达形式、机械台班定额的拟定 知识点 4. 企业定额编制 企业定额的概念、企业定额的编制原则、编制企业定额的基础工作、企业定额编制方法 知识点 5. 预算定额编制 预算定额的概念、预算定额编制原则、人工消耗量确定、材料消耗量确定、机械台班消耗量确定、预算定额编制方法 知识点 6. 概算定额编制 概算定额的概念、概算定额的编制原则、概算定额编制方法		
教学方法建议	1. 多媒体演示法 2. 讲授法 3. 小组讨论法		
考核评价要求	1. 课堂提问 2. 完成给定的案例、五级评分 3. 学生自评		

单元名称	建设项目评价原理与指标	最低学时	10 学时
教学目标	掌握现金流量计算方法、掌握资金时间价值计算方法、熟悉经济评价基本原理、掌握基本指标及计算方法		
教学内容	知识点 1. 现金流量计算方法 现金流量的概念、现金流量的构成、净现金流量计算、投资项目现金流量计算、更新改造项目现金流量计算 知识点 2. 资金时间价值计算 资金时间价值的概念、现值和终值计算、年金终值和年金现值计算 知识点 3. 经济评价基本原理 满足需要的可比原理、总消耗费用的可比原理、价格指标的可比原理、时间因素的可比原理 知识点 4. 基本指标及计算方法 指标分类、反映项目盈利能力的指标、反映项目偿还能力的指标、反映项目应用外汇效果的指标		
教学方法建议	1. 讲授法 2. 小组讨论法		
考核评价要求	1. 课堂提问 2. 学生自评 3. 完成给定的案例、五级评分		

单元名称	建设项目评价内容与方法	最低学时	20 学时
教学目标	了解项目国民经济评价内容及方法、熟悉项目多方案经济比较与选择方法、掌握工程项目可行性分析内容及方法、了解工程项目后评价内容及方法		
教学内容	知识点 1. 项目国民经济评价内容及方法 国民经济评价概述、国民经济效益与费用识别、影子价格的选取与计算、国民经济评价报表编制、国民经济评价指标计算 知识点 2. 项目多方案经济比较与选择方法 投资方案决策、方案的可比性、互斥方案的比较选优、不确定分析 知识点 3. 工程项目可行性分析内容及方法 项目建设的必要性、市场需求分析、建设条件分析、工程建设方案、环境保护、投资估算与资金筹措、财务评价、结论与建议 知识点 4. 工程项目后评价内容及方法 项目效益后评价、比较分析法、逻辑框架法、成功度分析法		
教学方法建议	1. 讲授法 2. 小组讨论法 3. 案例教学法		
考核评价要求	1. 课堂提问 2. 学生自评 3. 完成给定的案例、五级评分		

建筑业概述知识单元教学要求

表 11

单元名称	建筑业概述	最低学时	20 学时
教学目标	了解建筑业、了解建筑活动的相关机构		
教学内容	知识点 1. 建筑业 建筑业的含义和范围、建筑业的形成和发展、建筑业的特征、建筑业在国民经济中的地位和作用、建筑业与固定资产投资和房地产业的关系、建筑业的运行机制 知识点 2. 建筑活动的相关机构 业主、勘察设计单位、施工单位、监理单位、咨询机构、管理机构		
教学方法建议	1. 多媒体展示法 2. 讲授法 3. 小组讨论法		
考核评价要求	1. 课堂提问 2. 学生自评		

建筑产品与建筑市场知识单元教学要求

表 12

单元名称	建筑产品与建筑市场	最低学时	20 学时
教学目标	理解建筑产品、了解建筑市场、熟悉建筑市场交易、了解建筑市场规范和管理		
教学内容	知识点 1. 建筑产品 建筑产品的含义及种类与特征、建筑产品的价值及价格与成本、建筑产品的流通和消费 知识点 2. 建筑生产 建筑生产的特点和过程、建筑生产的基本要素、建筑生产的发展与技术进步、建筑生产的主要活动 知识点 3. 建筑市场概述 建筑市场的概念及特征与要素、建筑市场的主体与客体、建筑市场的运行机制、建筑市场体系、建筑市场的需求和供给、影响建筑市场的主要因素 知识点 4. 建筑市场交易 建筑市场交易的方式和过程、建筑工程招标投标、建筑工程施工合同 知识点 5. 建筑市场规范和管理 建筑市场现状、建筑市场规范和管理		
教学方法建议	1. 讲授法 2. 资料收集法		
考核评价要求	1. 课堂提问 2. 学生自评		

工程招标投标知识单元教学要求

表 13

单元名称	工程招标投标	最低学时	20 学时
教学目标	理解项目管理方法、熟悉招投标相关规定、掌握招投标程序和方法		
教学内容	知识点 1. 建设项目的管理方法 项目规模划分、基本建设管理程序 知识点 2. 招标投标的基本条件、原则及方法 招投标的原则、招标的范围、招投标的分类 知识点 3. 建设工程施工招标的程序及相关规定 施工招标程序、标段的划分、资格审查、业主自行组织招标的原则和方法、业主委托咨询单位招标的原则和方法、开标的时间和地点、出席开标会议的规定、招标人不予受理的投标、开标程序、评标原则、评标方法、评标结果、评标候选人确定 知识点 4. 建设工程投标的程序及相关规定 建设工程投标程序、资格审查资料、联合体投标要求、投标报价策略、投标文件装订要求 知识点 5. 建设工程招标代理的范围及相关规定 工程招标代理资质相关规定、工程招标代理业务范围		

单元名称	工程招标投标	最低学时	20 学时
教学方法建议	1. 多媒体演示法 2. 讲授法 3. 小组讨论法		
考核评价要求	1. 课堂提问 2. 完成给定的案例、五级评分		

合同管理知识单元教学要求 表 14

单元名称	合同管理	最低学时	30 学时
教学目标	理解合同的内容、熟悉合同各方的职责、掌握合同签订程序和合同争议处理规定		
教学内容	知识点 1. 合同的内容、订立程序、效力、担保及变更 合同法律法规概述、建设工程合同的概念和分类、建设合同的类型、合同内容、合同谈判和签订方法、合同担保、合同争议处理 知识点 2. 监理合同的内容和管理 监理合同的类型、监理合同的内容及各方职责、监理合同的签订与争议处理 知识点 3. 勘察设计合同的内容和管理 勘察设计合同的类型、勘察设计合同的内容及各方职责、勘察设计合同的签订与争议处理 知识点 4. 施工合同的内容和管理 施工合同的类型、施工合同的内容及各方职责、施工合同的签订与争议处理 知识点 5. 物资采购合同的内容和管理 物资采购合同的类型、物资采购合同的内容及各方职责、物资采购合同的签订与争议处理 知识点 6. 合同索赔的类型及程序 合同索赔的内容、合同索赔产生的原因、合同索赔的分类、合同索赔处理程序		
教学方法建议	1. 多媒体演示法 2. 讲授法 3. 案例教学法 4. 小组讨论法		
考核评价要求	1. 课堂提问 2. 学生展示学习成果，完成自评 3. 完成给定的案例、五级评分		

建设工程项目管理知识单元教学要求

单元名称	建设工程项目管理	最低学时	70 学时
教学目标	理解项目管理的内容、熟悉建筑工程施工项目管理规划的基本理论、掌握项目管理的方法		
教学内容	知识点 1. 建筑工程项目管理 项目管理的概念、建筑工程项目管理的内容与方法及项目管理规范、建筑工程项目管理的目标、建筑工程项目管理规划、建筑工程项目管理的主体、政府有关主管部门的建设管理 知识点 2. 建筑工程项目管理组织 建筑工程项目管理的组织机构、建筑工程项目经理部、建筑工程项目的承包风险与管理、建筑工程建造师制度 知识点 3. 流水施工的组织 流水施工的基本概念、流水施工的主要参数、流水施工的分类、流水施工的基本组织方式 知识点 4. 网络计划技术 网络计划技术的基本知识、时标网络计划技术、搭接网络计划技术、网络计划的优化 知识点 5. 建筑工程施工组织 工程施工组织设计的作用、编制程序、编制依据、编制内容、编制的基本原则、工程概况、施工方案、施工进度计划、施工平面布置图、工程实例 知识点 6. 建筑工程项目成本管理 建筑工程项目成本管理的基本内容、管理原则、控制要点、控制途径 知识点 7. 建筑工程施工质量、安全和文明施工管理 建筑工程全面质量管理、质量体系认证、工程质量管理的基本方法和工程施工质量的分析与处理、施工现场安全管理的制度、施工现场安全管理的内容与要求、施工现场文明施工的基本内容与要求 知识点 8. 建筑工程质量验收、备案和保修 建筑工程质量验收的基本规定与程序、建筑工程质量验收的组织和方法、建筑工程备案制度与资料的整理、保修的基本概念与有关规定 知识点 9. 建筑工程项目信息管理 建筑工程项目信息管理的基本内容、建筑工程项目信息管理的程序和方法、建筑工程项目管理软件的应用		
教学方法建议	1. 讲授法 2. 案例教学法 3. 小组讨论法		
考核评价要求	1. 课堂提问 2. 完成给定的案例、五级评分 3. 学生学习成果展示、完成自评		

资料管理知识单元教学要求 表 16

单元名称	资料管理	最低学时	30 学时
教学目标	理解建筑工程资料管理的相关制度、熟悉建筑工程资料管理的内容、掌握管理方法		
教学内容	知识点 1. 建筑工程资料管理的内容和相关制度 建设工程资料管理的意义、建设工程项目信息管理的应用、建设工程资料管理职责、建设工程资料管理的内容 知识点 2. 建筑工程签证资料的管理方法 工程签证资料的范围、办理工程签证的程序、工程签证单据的内容、工程签证的实效、工程签证的责任、工程签证的确认 知识点 3. 建筑工程索赔资料的管理方法 工程索赔资料的范围、办理工程索赔的程序、工程索赔单据的内容、工程索赔的时效、工程索赔的确认 知识点 4. 建筑工程竣工资料的管理方法 竣工资料的编制内容、竣工资料的编制原则、竣工资料的编制要求 知识点 5. 建筑工程其他技术资料的内容及管理方法		
教学方法建议	1. 讲授法 2. 案例教学法 3. 小组讨论法		
考核评价要求	1. 课堂提问 2. 完成给定的案例、五级评分 3. 学生学习成果展示、完成自评		

建筑材料的分类与应用知识单元教学要求 表 17

单元名称	建筑材料的分类与应用	最低学时	30 学时
教学目标	熟悉建筑材料的基本性质、掌握材料的分类及应用		
教学内容	知识点 1. 建筑材料的基本性质 材料的基本物理性质和力学性质以及耐久性、装饰材料的基本要求及选用原则 知识点 2. 气硬性胶凝材料的分类及应用 气硬性胶凝材料的分类、建筑石膏的生产和凝结硬化原理以及技术性质、各种石膏板和石膏花饰的应用、石灰的原料及生产和熟化及硬化原理以及技术性质及应用 知识点 3. 水泥的分类及应用 水泥的分类、普通硅酸盐水泥的技术性质和应用、硅酸盐水泥的技术性质和应用、火山灰水泥的技术性质和应用、粉煤灰水泥的技术性质和应用、矿渣水泥的技术性质和应用、复合水泥的技术性质和应用 知识点 4. 混凝土的分类及应用 混凝土的分类、普通混凝土组成材料的一般要求、普通混凝土的主要技术性质、普通混凝土的配合比设计程序、其他品种混凝土的概况、装饰混凝土的种类和应用 知识点 5. 砂浆的分类及应用 砂浆的分类、砌筑砂浆和抹面砂浆以及装饰砂浆的组成材料和技术质量要求与应用、其他砂浆的一般知识 知识点 6. 建筑钢材的分类及应用 建筑钢材的分类、常用建筑和装饰工程用钢材及制品、铝合金和铜合金及其制品的种类与性能 知识点 7. 墙体材料的分类及应用 墙体常用砖和砌块以及板材的种类、规格、技术要求以及应用 知识点 8. 屋面材料的分类及应用 屋面防水材料的分类、沥青及各种改性沥青防水制品性能和标准以及应用 知识点 9. 木材的分类及应用 木材的分类和性质、常用木材和装饰制品的种类和名称以及应用		

单元名称	建筑材料的分类与应用	最低学时	30 学时
教学方法建议	1. 讲授法 2. 多媒体演示法 3. 现场教学法		
考核评价要求	1. 课堂提问 2. 完成给定的案例、五级评分 3. 根据完成的实习报告，检查学生学习收获		

装饰材料的分类与应用知识单元教学要求　　　　　　　　　　　　　表 18

单元名称	装饰材料的分类与应用	最低学时	20 学时
教学目标	熟悉建筑装饰材料的内容、掌握天然石材的分类及应用、掌握建筑塑料的分类及应用、掌握油漆的分类及应用、掌握涂料的分类及应用		
教学内容	知识点 1. 建筑装饰材料的内容、分类及应用 建筑装饰材料的基本要求、建筑装饰材料的分类、建筑装饰材料的选用原则 知识点 2. 天然石材的分类及应用 天然石材的种类与名称、天然花岗岩的技术性质、加工类型及应用、天然大理石的技术性质和加工类型及应用 知识点 3. 建筑塑料的分类及应用 建筑塑料基本性质、常用塑料制品的种类与性能以及应用、常用胶粘剂的种类与性能以及应用 知识点 4. 油漆、涂料的分类及应用 油漆、涂料的分类、常用油漆与涂料的基本性质和应用		
教学方法建议	1. 讲授法 2. 多媒体演示法 3. 现场教学法		
考核评价要求	1. 课堂提问 2. 完成给定的案例、五级评分 3. 根据完成的实习报告，检查学生学习收获		

单元名称	民用建筑构造	最低学时	60 学时
教学目标	熟悉民用建筑的组成与分类、掌握民用建筑中基础、墙体、楼地面、屋顶、楼梯、门窗的类型及构造		
教学内容	知识点 1. 民用建筑的组成 建筑物和构筑物、建筑构造的基本要求和影响因素、构造的组成 知识点 2. 民用建筑分类 按主要承重结构材料分类、按层数和建筑高度分类 知识点 3. 基础的类型及构造 基础的类型、带形基础的构造、独立基础的构造、筏板基础的构造、箱形基础的构造、影响基础埋深的因素、地下室的构造及维护 知识点 4. 墙体的分类及构造 墙体的类型与要求、常见墙体的细部构造以及墙面的常用装修做法、变形缝构造、混合结构抗震设防构造做法 知识点 5. 楼地面的组成及构造 楼板的类型与特点、楼地面的组成、钢筋混凝土楼板与楼地面（含变形缝）及阳台雨篷的构造 知识点 6. 屋顶的类型及构造 屋顶的类型和排水方式、屋顶的柔性与半刚性以及刚性防水屋面构造、室内顶棚的构造、坡屋顶构造、屋顶的保温与隔热做法 知识点 7. 楼梯的类型及构造 楼梯的类型、楼梯组成与尺寸要求、钢筋混凝土楼梯的构造、室外台阶与坡道的构造、电梯与自动扶梯的基本组成 知识点 8. 门、窗的类型及构造 门窗的分类、门窗的构造方法、中空玻璃窗与幕墙等新型围护结构在建筑上应用和发展		
教学方法建议	1. 讲授法 2. 多媒体演示法 3. 现场教学法		
考核评价要求	1. 课堂提问 2. 完成给定的案例、五级评分 3. 根据完成的实习报告，检查学生学习收获		

工业建筑构造知识单元教学要求　　　　　　表 20

单元名称	工业建筑构造	最低学时	30 学时
教学目标	熟悉工业建筑的组成与分类、掌握工业建筑中基础、墙体、楼地面、屋顶、楼梯、门窗的类型及构造		
教学内容	知识点 1. 工业建筑的组成 工业建筑与民用建筑、基本模数的数值、常用模数的数值、构造的组成 知识点 2. 工业建筑分类 按用途分类、按层数分类、按生产状况分类、按结构类型分类 知识点 3. 基础的类型及构造 基础的类型、杯形基础的构造、柱下条形基础的构造、单层工业厂房基础和基础梁的类型与特点以及构造要求 知识点 4. 墙体的分类及构造 外墙分类、砌块填充墙与板材墙以及开敞式外墙的类型与构造 知识点 5. 楼地面的组成及构造 工业厂房地面的特点与组成和要求、变形缝与地面排水和地沟以及坡道的细部构造 知识点 6. 屋顶的类型及构造 屋面的基本类型及组成、有组织排水与无组织排水、屋面防水的分类与构造做法 知识点 7. 楼梯的类型及构造 楼梯的类型、楼梯组成与尺寸要求、钢梯的细部构造 知识点 8. 门、窗的类型及构造 侧窗和大门的类型与构造做法、天窗的类型与构造		
教学方法建议	1. 讲授法 2. 多媒体演示法 3. 现场教学法		
考核评价要求	1. 课堂提问 2. 完成给定的案例、五级评分 3. 根据完成的实习报告，检查学生学习收获		

建筑结构组成与基本构件知识单元教学要求　　　　　　表 21

单元名称	建筑结构组成与基本构件	最低学时	20 学时
教学目标	熟悉建筑结构的组成及类型、掌握混凝土结构的基本构件		
教学内容	知识点 1. 建筑结构的组成及类型 建筑结构的概念及分类、各种结构的特点及应用范围 知识点 2. 混凝土结构的基本构件 受弯构件的受力特点与构造要求、正截面与斜截面的破坏形态及承载力计算、受压构件的受力特点与构造要求、轴心受压构件承载力计算、受扭构件的受力特点及构造要求、预应力混凝土构件的基本概念与材料及主要构造要求、各种构件的施工图		
教学方法建议	1. 讲授法 2. 多媒体演示法 3. 现场教学法		
考核评价要求	1. 课堂提问 2. 完成给定的案例、五级评分 3. 根据完成的实习报告，检查学生学习收获		

建筑结构类型及构造知识单元教学要求 表 22

单元名称	建筑结构类型及构造	最低学时	30 学时
教学目标	掌握地基与基础的受力特点及构造、掌握钢筋混凝土楼（屋）盖的类型及构造、掌握钢筋混凝土多层及高层结构的类型及构造、掌握砌体结构的种类及构造		
教学内容	知识点 1. 地基与基础的受力特点及构造 地基的类型及受力特点、基础的类型及构造、砌体基础施工图、混凝土基础施工图 知识点 2. 钢筋混凝土楼（屋）盖的类型及构造 现浇单向板肋形楼盖结构平面布置与受力特点和构造要求；现浇双向板肋形楼盖受力特点和构造要求；装配式楼盖结构平面布置和预制构件的类型与选择以及连接构造；楼梯的类型与受力特点和构造要求；悬挑构件的受力特点和构造要求；各种梁板结构的施工图 知识点 3. 钢筋混凝土多层及高层结构的类型及构造 多层及高层建筑结构体系、多层框架结构的受力特点、框架结构的节点构造、现浇框架结构施工图 知识点 4. 砌体结构的种类及构造 砌体的种类及力学性能、多层砌体房屋的构造要求		
教学方法建议	1. 讲授法 2. 多媒体演示法 3. 现场教学法		
考核评价要求	1. 课堂提问 2. 完成给定的案例、五级评分 3. 根据完成的实习报告，检查学生学习收获		

建筑施工内容与工艺知识单元教学要求 表 23

单元名称	建筑施工内容与工艺	最低学时	60 学时
教学目标	掌握土方工程、地基与基础工程、砌体工程、钢筋混凝土工程、预应力混凝土工程、结构吊装工程、防水工程、装饰工程、高层建筑施工内容与工艺，熟悉常用安装工程材料的名称与规格		

单元名称	建筑施工内容与工艺	最低学时	60 学时
教学内容	知识点 1. 土方工程施工内容与工艺 土方工程特点、土的性质、定位放线、边坡与支撑、施工排水、土方开挖、地基局部处理、基坑（槽）土方量计算、场地平整土方量计算、土方调配、土料选择、填筑方法、压实方法、压实机械、影响压实的因素、土方机械化施工 知识点 2. 地基与基础工程施工内容与工艺 刚性基础、柔性基础、地基处理、地基加固、预制桩施工、灌注桩施工 知识点 3. 砌体工程施工内容与工艺 井架与门架以及施工电梯、外脚手架、里脚手架、脚手架安全设施、砖砌体施工的组砌形式、砌筑方法、施工工艺、技术要求、中小型砌块施工 知识点 4. 钢筋混凝土工程施工内容与工艺 木模板、组合钢模板、爬升模板、液压滑升模板、永久性模板、钢筋配料与代换、钢筋加工、接头连接、绑扎与安装、混凝土工程的准备工作、施工工艺、拆模、预制构件施工、现浇混凝土（GBF 高强薄壁管）空心楼盖施工 知识点 5. 预应力混凝土工程施工内容与工艺 先张法施工机械设备、后张法施工机械设备、预应力筋制作施工工艺、其他预应力施工方法简介、电热法、无粘结预应力施工、整体预应力施工 知识点 6. 结构吊装工程施工内容与工艺 起重机概述、单层工业厂房结构吊装准备工作、构件安装工艺、结构安装方案、多层装配式框架结构吊装的安装方案、构件吊装、装配式大板建筑安装的墙板安装 知识点 7. 防水工程施工内容与工艺 屋面防水工程的普通沥青卷材防水屋面、改性沥青卷材防水屋面、合成高分子卷材防水屋面、涂料防水屋面、刚性防水屋面、金属防水屋面、地下防水工程的防水方案、防水混凝土结构施工、附加防水层施工 知识点 8. 装饰工程施工内容与工艺 木门窗、钢门窗、铝合金门窗、塑料门窗、玻璃安装、顶棚施工、隔墙（断）施工、一般抹灰施工、墙面与顶棚抹灰、装饰抹灰施工、饰面工程的石材饰面板施工、陶瓷饰面砖施工、玻璃饰面施工、金属饰面施工、塑料饰面施工、玻璃幕墙施工、楼地面工程的整体式楼地面、块材楼地面、涂布楼地面、塑料楼地面、地毯楼地面、木楼地面 知识点 9. 高层建筑施工内容与工艺 高层建筑施工概述、垂直运输设备、主体施工的常用施工方法 知识点 10. 常用安装工程材料的名称与规格 暖卫及通风工程常用材料的名称与规格、电气工程常用材料的名称与规格
教学方法建议	1. 讲授法 2. 多媒体演示法 3. 现场教学法
考核评价要求	1. 课堂提问 2. 完成给定的案例、五级评分 3. 根据完成的实习报告，检查学生学习收获

表 24

单元名称	钢筋工程量计算	最低学时	40 学时
教学目标	了解钢筋工程量计算依据、掌握钢筋重量的计算方法、掌握基础、柱、梁、板、墙、楼梯、预制构件的钢筋工程量计算		
教学内容	知识点 1. 钢筋工程量计算依据 钢筋工程量的概念、钢筋工程量计算时所依据的规范与图纸以及标准图集 知识点 2. 钢筋重量计算方法 钢筋重量的概念、钢筋重量的计算方法 知识点 3. 基础钢筋工程量计算 基础钢筋的识别、基础钢筋的标准图集使用、带形基础钢筋工程量计算、独立基础钢筋工程量计算、筏板基础钢筋工程量计算 知识点 4. 柱钢筋工程量计算 柱钢筋的识别、柱钢筋的标准图集使用、矩形柱钢筋工程量计算、异形柱钢筋工程量计算、构造柱钢筋工程量计算 知识点 5. 梁钢筋工程量计算 梁钢筋的识别、梁钢筋的标准图集使用、框架梁钢筋工程量计算、圈梁钢筋工程量计算、过梁钢筋工程量计算 知识点 6. 板钢筋工程量的计算 板钢筋的识别、板钢筋的标准图集使用、有梁板钢筋工程量计算、无梁板钢筋工程量计算、平板钢筋工程量计算 知识点 7. 墙钢筋工程量的计算 墙钢筋的识别、墙钢筋的标准图集使用、剪力墙钢筋工程量计算 知识点 8. 楼梯钢筋工程量计算 楼梯钢筋的识别、楼梯钢筋的标准图集使用、楼梯钢筋工程量的计算 知识点 9. 预制构件钢筋工程量计算 预制构件钢筋的识别、预制构件钢筋的标准图集使用、预制柱钢筋工程量计算、预制梁钢筋工程量计算、预制板钢筋工程量的计算		
教学方法建议	1. 讲授法 2. 案例教学法 3. 多媒体演示法 4. 小组讨论法 5. 螺旋进度教学法		
考核评价要求	1. 课堂提问 2. 完成给定的案例、五级评分 3. 学生自评		

建筑工程预算定额应用知识单元教学要求　　　表 25

单元名称	建筑工程预算定额应用	最低学时	10 学时
教学目标	熟悉预算定额的内容构成、掌握预算定额的换算		
教学内容	知识点 1. 预算定额的内容构成 预算定额的概念、预算定额的分类、预算定额的构成、预算定额的应用 知识点 2. 预算定额的换算 预算定额换算的概述、材料换算、系数换算、其他换算		
教学方法建议	1. 讲授法 2. 案例教学法 3. 小组讨论法		
考核评价要求	1. 课堂提问 2. 完成给定的案例、五级评分 3. 学生自评		

建筑安装工程费用划分与计算方法知识单元教学要求　　　表 26

单元名称	建筑安装工程费用划分与计算方法	最低学时	10 学时
教学目标	熟悉建筑安装工程费用划分、掌握建筑安装工程费用计算方法		
教学内容	知识点 1. 建筑安装工程费用划分 建筑安装工程费用的概念、建筑安装工程费用的划分 知识点 2. 建筑安装工程费用计算方法 直接工程费的计算、措施费的计算、间接费的计算、利润的计算、税金的计算、工程造价的计算		
教学方法建议	1. 讲授法 2. 案例教学法 3. 小组讨论法		
考核评价要求	1. 课堂提问 2. 完成给定的案例、五级评分 3. 学生自评		

单元名称	建筑工程量计算	最低学时	60 学时
教学目标	掌握建筑面积计算规则、掌握建筑工程量计算方法		
教学内容	知识点 1. 建筑面积计算 建筑面积计算的作用、建筑面积计算规范的使用、建筑面积的计算 知识点 2. 土石方工程量计算 平整场地工程量计算、挖基础土方工程量计算、挖土方工程量计算、石方打眼爆破工程量计算、凿槽坑石方工程量计算、土方回填工程量计算、土方运输工程量计算 知识点 3. 砖石分部工程量计算 带型砖基础工程量计算、独立砖基础工程量计算、砖柱工程量计算、砖墙工程量计算、砌体墙工程量计算 知识点 4. 脚手架工程量计算 综合脚手架工程量计算、单项脚手架工程量计算 知识点 5. 混凝土分部工程量计算 混凝土基础垫层工程量计算、混凝土基础工程量计算、混凝土柱工程量计算、混凝土梁工程量计算、混凝土板工程量计算、混凝土墙工程量计算、混凝土楼梯工程量计算、混凝土预制构件工程量计算、其他混凝土构件工程量计算 知识点 6. 金属结构工程量计算 钢柱工程量计算、钢梁工程量计算、钢屋架工程量计算 知识点 7. 门窗工程量计算 门工程量计算、窗工程量计算、门联窗工程量计算 知识点 8. 楼地面工程量计算 地面垫层工程量计算、地面面层工程量计算、找平层工程量计算 知识点 9. 屋面工程量计算 平屋面工程量计算、坡屋面工程量计算、屋面保温层工程量计算、屋面防水层工程量计算、屋面保护层工程量计算		
教学方法建议	1. 讲授法 2. 案例教学法 3. 多媒体演示法 4. 小组讨论法 5. 现场教学法 6. 螺旋进度教学法		
考核评价要求	1. 课堂提问 2. 完成给定的案例、五级评分 3. 根据完成的实习报告，检查学生学习收获		

单元名称	建筑工程造价费用计算	最低学时	10 学时
教学目标	掌握直接费计算及工料机用量分析、掌握间接费计算、掌握利润与税金计算		
教学内容	知识点 1. 直接费计算及工料机用量分析 直接工程费计算、措施费计算、工料机用量分析 知识点 2. 间接费计算 规费计算、企业管理费计算 知识点 3. 利润与税金计算 利润计算、税金的构成、税金计算		
教学方法建议	1. 讲授法 2. 多媒体演示法 3. 案例教学法 4. 小组讨论法 5. 螺旋进度教学法		
考核评价要求	1. 课堂提问 2. 完成给定的案例、五级评分 3. 学生自评		

单元名称	装饰工程预算定额应用	最低学时	10 学时
教学目标	熟悉装饰工程预算定额的内容构成、掌握装饰工程预算定额的换算		
教学内容	知识点 1. 装饰工程预算定额的内容构成 装饰工程预算定额的概念、装饰工程预算定额的分类、装饰工程预算定额的构成、装饰工程预算定额的应用 知识点 2. 装饰工程预算定额的换算 装饰工程预算定额换算的概述、材料厚度换算、砂浆配合比换算、系数换算、其他换算		
教学方法建议	1. 讲授法 2. 多媒体演示法 3. 案例教学法 4. 小组讨论法		
考核评价要求	1. 课堂提问 2. 完成给定的案例、五级评分 3. 根据完成的实习报告，检查学生学习收获 4. 学生自评		

装饰工程量计算知识单元教学要求

表 30

单元名称	装饰工程量计算	最低学时	20 学时
教学目标	掌握装饰工程量计算		
教学内容	知识点 1. 楼地面工程量计算 找平层工程量计算、楼地面整体面层工程量计算、楼地面块料面层工程量计算、踢脚线工程量计算 知识点 2. 墙柱面工程量计算 墙面抹灰工程量计算、柱（梁）面抹灰工程量计算、零星抹灰工程量计算、墙面镶贴块料面层工程量计算、柱面镶贴块料面层工程量计算、零星镶贴块料工程量计算、墙饰面工程量计算、柱（梁）面装饰工程量计算、隔断工程量计算、幕墙工程量计算 知识点 3. 天棚工程量计算 天棚抹灰工程量计算、天棚吊顶工程量计算、天棚其他装饰工程量计算 知识点 4. 门窗工程量计算 木门工程量计算、金属门工程量计算、木窗工程量计算、金属窗工程量计算、塑钢窗工程量计算、门套窗工程量计算、窗帘盒、窗帘轨工程量计算 知识点 5. 油漆与涂料工程量计算 门油漆工程量计算、窗油漆工程量计算、木扶手油漆工程量计算、木材面油漆工程量计算、金属面油漆工程量计算、抹灰面油漆工程量计算、喷刷涂料工程量计算、裱糊工程量计算		
教学方法建议	1. 讲授法 2. 多媒体演示法 3. 案例教学法 4. 小组讨论法 5. 现场教学法 6. 螺旋进度教学法		
考核评价要求	1. 课堂提问 2. 完成给定的案例、五级评分 3. 根据完成的实习报告，检查学生学习收获 4. 学生自评		

装饰工程造价费用计算知识单元教学要求

表 31

单元名称	装饰工程造价费用计算	最低学时	10 学时
教学目标	掌握直接费计算及工料机用量分析、掌握间接费计算、掌握利润与税金计算		
教学内容	知识点 1. 直接费计算及工料机用量分析 直接工程费计算、措施费计算、工料机用量分析 知识点 2. 间接费计算 规费计算、企业管理费计算 知识点 3. 利润与税金计算 利润计算、税金的构成、税金计算		
教学方法建议	1. 讲授法 2. 多媒体演示法 3. 案例教学法 4. 小组讨论法 5. 螺旋进度教学法		
考核评价要求	1. 课堂提问 2. 完成给定的案例、五级评分 3. 根据完成的实习报告，检查学生学习收获 4. 学生自评		

单元名称	工程量清单编制	最低学时	20 学时
教学目标	理解清单计价与定额计价的联系与区别、熟悉工程量清单计价规范内容、掌握工程量清单各表格的填写方法		
教学内容	知识点 1. 工程量清单计价规范概述 《建设工程工程量清单计价规范》的作用、《建设工程工程量清单计价规范》的主要内容 知识点 2. 清单计价与定额计价的联系与区别 清单计价与定额计价的联系、清单计价与定额计价的区别 知识点 3. 工程量清单计价表格使用 分部分项工程量清单及计价表、措施项目清单及计价表、规费税金项目计价表、主要材料价格表、单位工程费用汇总表、单项工程费用汇总表、工程项目费用汇总表及总说明和封页的填写方法、清单及报价表的装订 知识点 4. 建筑工程量清单编制 建筑工程各分部清单工程量计算（含措施项目）、建筑工程分部分项工程量清单编制、建筑工程措施项目清单编制、建筑工程其他项目清单编制、暂列金额确定、暂估价（专业工程暂估、材料暂估）确定、建筑工程规费税金项目清单编制、建筑工程总说明及封页填写、建筑工程工程量清单编制案例 知识点 5. 装饰装修工程量清单编制 装饰装修工程各分部清单工程量计算（含措施项目）、装饰装修工程分部分项工程量清单编制、装饰装修工程措施项目清单编制、装饰装修工程其他项清单编制、暂列金额确定、暂估价（专业工程暂估、材料暂估）确定、装饰装修工程规费税金项目清单编制、装饰装修工程总说明及封页填写、装饰装修工程工程量清单编制案例 知识点 6. 安装工程量清单编制 安装工程各分部清单工程量计算（含措施项目）、安装工程分部分项工程量清单编制、安装工程措施项目清单编制、安装工程其他项清单编制、暂列金额确定、暂估价（专业工程暂估、材料暂估）确定、安装工程规费税金项目清单编制、安装工程总说明及封页填写、安装工程工程量清单编制案例		
教学方法建议	1. 讲授法 2. 多媒体演示法 3. 案例教学法 4. 小组讨论法 5. 螺旋进度教学法		
考核评价要求	1. 课堂提问 2. 完成给定的案例、五级评分 3. 学生自评		

工程量清单报价编制知识单元教学要求 表 33

单元名称	工程量清单报价编制	最低学时	30 学时
教学目标	掌握清单计价的编制方法		
教学内容	知识点 1. 分部分项工程量清单项目综合单价编制 分部分项工程项目组价工程量计算方法、分部分项工程项目综合单价编制方法、分部分项工程量清单项目综合单价编制案例 知识点 2. 措施项目清单项目综合单价编制 措施项目组价工程量计算方法、措施项目综合单价编制方法、措施项目清单项目综合单价编制案例 知识点 3. 分部分项工程量清单项目费计算 分部分项工程费计算方法、分部分项工程费计算案例 知识点 4. 措施项目清单费计算 按费率计算措施项目费方法、措施项目费率选择、按综合单价计算措施项目的方法、措施项目费计算案例 知识点 5. 其他项目清单费计算 暂列金额与暂估价处理方法、总承包服务费及计日工的计算方法、其他项目费计算方法、其他项目费计算案例 知识点 6. 规费项目清单费计算 规费项目计算基础确定、规费费率选择、规费计算案例 知识点 7. 税金项目清单费计算 税金计算基础确定、税金税率选择、税金计算案例		
教学方法建议	1. 讲授法 2. 多媒体演示法 3. 案例教学法 4. 小组讨论法 5. 螺旋进度教学法		
考核评价要求	1. 课堂提问 2. 完成给定的案例、五级评分 3. 学生自评		

工程量调整知识单元教学要求 表 34

单元名称	工程量调整	最低学时	20 学时
教学目标	理解结算编制步骤、熟悉结算资料的复核方法、掌握工程量增减计算方法		
教学内容	知识点 1. 工程结算编制步骤 工程结算分类、工程结算编制依据、工程结算编制方法、工程结算编制步骤 知识点 2. 结算资料整理和审核 结算资料包含的内容、结算资料的整理、结算资料的审核方法 知识点 3. 工程量变更及工程索赔资料复核 工程变更资料的复核、工程索赔资料复核 知识点 4. 工程量增减计算 依据竣工图计算增加工程量、依据变更或索赔资料计算工程量、工程量增减计算案例		
教学方法建议	1. 讲授法 2. 多媒体演示法 3. 案例教学法 4. 小组讨论法 5. 螺旋进度教学法		
考核评价要求	1. 课堂提问 2. 完成给定的案例、五级评分 3. 学生自评		

费用调整知识单元教学要求

表 35

单元名称	费用调整	最低学时	20 学时
教学目标	熟悉费用调整类别及依据、掌握各种费用调整方法		
教学内容	知识点 1. 人工费调整计算 人工费调整依据、人工费调整方法、人工费调整计算案例 知识点 2. 材料费调整计算 材料费调整依据、材料费调整方法、材料费调整计算案例 知识点 3. 机械台班费调整计算 机械台班费调整依据、机械台班费调整方法、机械台班费调整计算案例 知识点 4. 管理费调整计算 管理费调整依据、管理费调整方法、管理费调整计算案例		
教学方法建议	1. 讲授法 2. 多媒体演示法 3. 案例教学法 4. 小组讨论法		
考核评价要求	1. 课堂提问 2. 完成给定的案例、五级评分 3. 学生自评		

结算书编制知识单元教学要求

表 36

单元名称	结算书编制	最低学时	10 学时
教学目标	熟悉工程计算书编制步骤、掌握利润税金调整方法		
教学内容	知识点 1. 利润和税金调整计算 利润和税金调整依据、利润和税金调整方法、利润和税金调整计算案例 知识点 2. 汇总编出工程结算书 工程结算书编制步骤、工程结算书编制方法、工程计算书编制案例		
教学方法建议	1. 讲授法 2. 多媒体演示法 3. 案例教学法 4. 小组讨论法		
考核评价要求	1. 课堂提问 2. 完成给定的案例、五级评分 3. 学生自评		

建筑工程量计算软件知识单元教学要求　　表 37

单元名称	建筑工程量计算软件	最低学时	30 学时
教学目标	掌握建筑工程量软件的使用		
教学内容	知识点 1. 建筑工程量计算软件应用 建筑工程量计算软件的使用、运用软件计算建筑工程量、上机操作实例 知识点 2. 钢筋工程量计算软件应用 　运用软件计算基础钢筋工程量、柱钢筋工程量、梁钢筋工程量、板钢筋工程量、墙钢筋工程量、楼梯钢筋工程量、预制构件钢筋工程量、其他构件钢筋工程量，运用软件计算钢筋工程量的实例		
教学方法建议	1. 讲授法 2. 多媒体演示法 3. 案例教学法 4. 小组讨论法 5. 螺旋进度教学法		
考核评价要求	1. 课堂提问 2. 完成给定的案例、五级评分 3. 学生自评		

建筑工程计价软件应用知识单元教学要求　　表 38

单元名称	建筑工程计价软件应用	最低学时	10 学时
教学目标	掌握建筑工程计价软件的使用		
教学内容	知识点 1. 建筑工程计价软件应用 建筑工程计价软件的使用、运用软件计算建筑工程造价、上机实例		
教学方法建议	1. 讲授法 2. 多媒体演示法 3. 案例教学法 4. 小组讨论法 5. 螺旋进度教学法		
考核评价要求	1. 课堂提问 2. 完成给定的案例、五级评分 3. 学生自评		

表 39

单元名称	建筑识图	最低学时	30 学时
教学目标	专业能力： 1. 能绘制常见的民用建筑工程的建筑施工图 2. 能绘制常见的民用建筑工程的结构施工图 3. 能绘制常见的民用建筑工程的管道施工图 4. 能绘制常见的民用建筑工程的电气施工图 方法能力： 1. 学会前后对比分析识读施工图 2. 学会解决施工图中出现的问题 社会能力： 1. 通过施工图绘制及有关问题的处理练习，培养学生的综合运用知识及理论联系实践的能力 2. 划分学习小组，进行角色扮演识读施工图，培养学生发现问题、解决问题的能力以及协调沟通能力		
教学内容	技能点 1. 建筑平面图绘制 掌握绘制建筑平面图 技能点 2. 建筑立面图绘制 掌握绘制建筑立面图 技能点 3. 建筑剖面图绘制 掌握绘制建筑剖面图 技能点 4. 建筑详图绘制 掌握绘制建筑详图		
教学方法建议	1. 现场教学法 2. 案例教学法 3. 角色扮演法 4. 螺旋进度教学法		
教学场所要求	校内实训基地、校内实训教室		
考核评价要求	建议根据任务完成计划情况、成果质量、面试等环节确定总评成绩		

建筑材料检测技能单元教学要求 表 40

单元名称	建筑材料检测	最低学时	10 学时
教学目标	专业能力： 1. 能辨识常见的建筑材料 2. 能通过检测材料判定材料性能 方法能力： 1. 学会分析施工图中的所使用的各种建筑和装饰材料 2. 学会解决施工图中出现的问题 社会能力： 1. 通过材料检测及有关问题的处理练习，培养学生的综合运用知识及理论联系实践的能力 2. 划分学习小组，进行施工图中材料的分析，培养学生发现问题、解决问题的能力以及协调沟通能力		

单元名称	建筑材料检测	最低学时	10 学时
教学内容	技能点 1. 水泥检测 掌握水泥检测方法 技能点 2. 砂、石检测 掌握砂、石检测方法 技能点 3. 混凝土试配与检测 掌握混凝土试配与检测方法 技能点 4. 钢筋检测 掌握钢筋检测方法 技能点 5. 墙体材料检测 掌握墙体材料检测方法		
教学方法建议	1. 成果归纳法 2. 案例教学法 3. 角色扮演法 4. 螺旋进度教学法		
教学场所要求	校内实训基地、校内实训室、材料实验室		
考核评价要求	1. 建议根据任务完成计划情况、成果质量、面试等环节确定总评成绩 2. 总结成果并展示		

建筑工程预算技能单元教学要求　　　　　　　　　　　　表 41

单元名称	建筑工程预算	最低学时	60 学时
教学目标	专业能力： 1. 能正确完成建筑工程量计算 2. 能正确运用建筑工程定额 3. 能正确完成建筑工程预算工作 方法能力： 1. 培养主动收集当地工程造价计价文件的能力 2. 学会解决建筑工程预算过程中出现的问题 社会能力： 1. 培养学生发现问题、解决问题以及协调沟通能力 2. 培养学生的合同意识和法律意识 3. 培养学生的成本控制和企业效益的意识		
教学内容	技能点 1. 计算建筑工程量 根据图纸、工程量计算规则计算建筑工程工程量 技能点 2. 套用预算定额 掌握套用预算定额 技能点 3. 直接费计算及工料分析 掌握直接费计算及工料分析 技能点 4. 间接费计算 掌握间接费计算 技能点 5. 利润、税金及工程造价费用汇总计算 掌握利润、税金及工程造价费用汇总计算		

单元名称	建筑工程预算	最低学时	60 学时
教学方法建议	1. 讲授法 2. 案例教学法 3. 角色扮演法 4. 螺旋进度教学法		
教学场所要求	工程造价实训室、校内实训基地		
考核评价要求	建议根据任务完成计划情况、成果质量、面试等环节确定总评成绩		

装饰工程预算技能单元教学要求 表 42

单元名称	装饰工程预算	最低学时	30 学时
教学目标	专业能力： 1. 能正确完成装饰工程量计算 2. 能正确运用装饰工程定额 3. 能正确完成装饰工程预算工作 方法能力： 1. 培养主动收集当地工程造价计价文件的能力 2. 学会解决装饰工程预算过程中出现的问题 社会能力： 1. 培养学生发现问题、解决问题以及协调沟通能力 2. 培养学生的合同意识和法律意识 3. 培养学生的成本控制和企业效益的意识		
教学内容	技能点 1. 计算装饰工程量 掌握装饰工程量计算 技能点 2. 套用装饰预算定额 掌握套用装饰预算定额 技能点 3. 直接费计算及工料分析 掌握直接费计算及工料分析 技能点 4. 间接费计算 掌握间接费计算 技能点 5. 利润、税金及工程造价费用汇总计算 掌握利润、税金及工程造价费用汇总计算		
教学方法建议	1. 讲授法 2. 案例教学法 3. 角色扮演法 4. 螺旋进度教学法		
教学场所要求	工程造价实训室、校内实训基地		
考核评价要求	建议根据任务完成计划情况、成果质量、面试等环节确定总评成绩		

单元名称	工程量清单	最低学时	30 学时
教学目标	专业能力： 1. 能正确完成清单工程量计算 2. 能正确完成分部分项工程量清单、措施项目清单、其他项目清单、规费与税金清单编制 方法能力： 1. 培养主动收集工程量清单编制依据的能力 2. 学会解决工程量清单过程中出现的问题 社会能力： 1. 培养学生协调沟通能力 2. 培养学生的合同意识和法律意识 3. 培养学生的成本控制和企业效益的意识 4. 培养学生的学习能力		
教学内容	技能点 1. 清单工程量计算 按照图纸、《建设工程工程量清单计价规范》等相关资料计算清单工程量 技能点 2. 分部分项工程量清单编制 编制分部分项工程量清单 技能点 3. 措施项目清单编制 根据相关规定与常规施工方案编制措施项目清单 技能点 4. 其他项目清单编制 根据相关规定编制其他项目清单 技能点 5. 规费与税金清单编制 根据相关规定编制规费与税金项目清单		
教学方法建议	1. 讲授法 2. 案例教学法 3. 角色扮演法 4. 螺旋进度教学法		
教学场所要求	工程造价实训室、校内实训基地		
考核评价要求	建议根据任务完成计划情况、成果质量、面试等环节确定总评成绩		

工程量清单报价技能单元教学要求 表 44

单元名称	工程量清单报价	最低学时	60 学时
教学目标	专业能力： 1. 能正确完成综合单价计算 2. 能正确完成分部分项工程费、措施项目费、其他项目费、规费、税金计算，并能正确汇总计算工程造价		

单元名称	工程量清单报价	最低学时	60 学时
教学目标	方法能力： 1. 培养主动收集当地工程造价计价文件的能力 2. 学会解决工程量清单报价过程中出现的问题 社会能力： 1. 培养学生发现问题、解决问题以及协调沟通能力 2. 培养学生的合同意识和法律意识 3. 培养学生的成本控制和企业效益的意识 4. 培养学生学习能力		
教学内容	技能点 1. 复核分部分项工程量清单 按照图纸、《建设工程工程量清单计价规范》等相关资料复核分部分项清单工程量 技能点 2. 综合单价计算 根据图纸、定额、招标文件、《建设工程工程量清单计价规范》等相关资料进行综合单价计算 技能点 3. 分部分项工程项目费计算 分部分项工程项目费计算 技能点 4. 措施项目费计算 根据图纸、施工组织设计、施工技术方案以及相关规定进行措施项目费计算 技能点 5. 其他项目费计算 掌握其他项目费计算 技能点 6. 规费项目费计算 根据相关规定进行规费计算 技能点 7. 税金项目费计算 根据相关规定进行税金计算		
教学方法建议	1. 讲授法 2. 案例教学法 3. 角色扮演法 4. 螺旋进度教学法		
教学场所要求	工程造价实训室、校内实训基地		
考核评价要求	建议根据任务完成计划情况、成果质量、面试等环节确定总评成绩		

工程结算技能单元教学要求 表 45

单元名称	工程结算	最低学时	30 学时
教学目标	专业能力： 1. 能根据相关工程竣工资料正确计算变更工程量 2. 能根据相关竣工资料或相关规定正确调整人工费、机械费、材料费、利润与税金 3. 能根据相关竣工资料正确计算工程结算造价		

单元名称	工程结算	最低学时	30 学时
教学目标	方法能力： 1. 培养主动收集当地工程造价计价文件的能力 2. 学会解决结算工程中出现的问题 社会能力： 1. 培养学生发现问题、解决问题的能力以及协调沟通能力 2. 培养学生的合同意识和法律意识 3. 培养学生的成本控制和企业效益的意识		
教学内容	技能 1. 工程量调整计算 按照竣工资料进行工程量调整计算 技能 2. 人工费调整计算 按照相关规定和要求进行人工费调整计算 技能 3. 材料费调整计算 按照相关规定和要求进行材料费调整计算 技能 4. 机械费调整计算 按照相关规定和要求进行机械费调整计算 技能 5. 管理费调整计算 按照相关规定和要求进行管理费调整计算 技能 6. 工程造价调整计算 按照相关规定和要求进行工程造价调整计算		
教学方法建议	1. 讲授法 2. 角色扮演法 3. 螺旋进度教学法		
教学场所要求	工程造价实训室、校内实训基地		
考核评价要求	建议根据任务完成计划情况、成果质量、面试等环节确定总评成绩		

计量、计价软件应用技能单元教学要求 表 46

单元名称	计量、计价软件应用	最低学时	60 学时
教学目标	专业能力： 1. 能应用计量软件完成工程量计算 2. 能应用计价软件完成工程造价计算 方法能力： 1. 培养主动收集当地工程造价计价文件的能力 2. 学会解决软件应用过程中出现的问题 社会能力： 1. 培养学生发现问题、解决问题以及协调沟通能力 2. 培养学生的学习能力 3. 培养学生的学习能力		

单元名称	计量、计价软件应用	最低学时	60 学时
教学内容	技能 1. 建筑工程量计算 应用软件完成建筑工程工程量计算 技能 2. 装饰工程量计算 应用软件完成装饰工程工程量计算 技能 3. 钢筋工程量计算 应用软件完成钢筋工程工程量计算 技能 4. 工程量清单报价书编制 应用软件完成工程量清单报价书编制		
教学方法建议	1. 讲授法 2. 角色扮演法 3. 螺旋进度教学法		
教学场所要求	工程造价软件实训室、工程造价实训室、校内实训基地		
考核评价要求	建议根据任务完成计划情况、成果质量、面试等环节确定总评成绩		

工程造价综合训练技能单元教学要求　　　　　　　　　　　　　　　　表 47

单元名称	工程造价综合训练	最低学时	240 学时
教学目标	专业能力： 1. 能熟练手工计算工程量、编制工程预算 2. 能熟练手工编制工程量清单、投标报价书 3. 能熟练运用软件计算工程量、编制工程预算 4. 能熟练运用软件编制工程量清单、投标报价书 方法能力： 1. 培养主动收集计算工程量所需的各种资料的能力 2. 学会角色扮演解决工程量计算中出现的问题 社会能力： 1. 通过具体工程项目造价综合的训练，培养学生的综合运用知识及理论联系实践的能力 2. 培养学生发现问题、解决问题的能力 3. 培养团队协作能力、沟通交流能力 4. 培养学生的学习能力		
教学内容	技能 1. 职业能力分析 正确进行职业能力分析 技能 2. 工作内容分析 正确进行工作内容分析 技能 3. 综合实训指导 正确并熟练手工、软件计算 4000m² 左右常见民用建筑工程的建筑工程造价（运用预算与清单两种计价方式） 正确并熟练手工、软件计算 4000m² 左右常见民用建筑工程的装饰工程造价（运用预算与清单两种计价方式） 正确并熟练手工、软件计算 4000m² 左右常见民用建筑工程的安装工程造价（运用预算与清单两种计价方式） 正确并熟练手工、软件计算 4000m² 左右常见民用建筑工程的工程结算造价（运用预算与清单两种计价方式）		

单元名称	工程造价综合训练	最低学时	240 学时
教学方法建议	1. 小组讨论法 2. 角色扮演法 3. 螺旋进度教学法 4. 成果归纳法		
教学场所要求	工程造价软件实训室、工程造价实训室、校内实训基地		
考核评价要求	1. 考核完成计划情况、成果质量 2. 通过面试考核学生操作过程中处理问题的方式 3. 通过学生书面总结考查学生学习收获		

9 专业办学基本条件和教学建议

9.1 专业教学团队

1. 专业带头人

工程造价教学 10 年以上且工程造价实践 5 年以上，具有副高及以上职称。

专业带头人能把握专业发展方向，能够承担专业建设规划、人才培养方案设计、课程标准建设等教学改革关键任务。

2. 师资数量

生师比 18∶1，主要专任专业教师不少于 5 人。

3. 师资水平及结构

师资队伍应有副教授以上的专业教师 2 人，讲师 3 人，助教 2 人，实训教师 2 人。所学专业是工程造价或类似专业的教师要达到 50% 及以上。具有工程造价执业资格的双师素质教师达 30% 及以上。

企业兼职教师 6 人，50 岁以内，本科学历，中级职称及以上，主要承担不少于 35% 工程造价专业课和实训课的教学任务。任职资格是造价工程师或工程造价工作经历 10 年以上。高级职称不少于 30%。

9.2 教学设施

1. 校内实训条件（见表 48）

工程造价专业校内实训条件要求　　表 48

序号	实践教学项目	主要设备、设施名称及数量	校内实训室（场地）面积（m²）	备注（均为校内完成）
1	房屋测绘	建筑施工图、钢卷尺或皮尺 10 件	不小于 100m²	必做，校内完成

序号	实践教学项目		主要设备、设施名称及数量	校内实训室（场地）面积（m²）	备注（均为校内完成）
2	建筑材料检测实训	水泥检测	负压筛析仪 2 台；水泥净浆搅拌机 2 台；标准法维卡仪 8 台；沸煮箱 2 台；湿气养护箱 1 台；行星式胶砂搅拌机 2 台；水泥胶砂振实台 2 台；水泥抗折强度试验机 2 台；水泥抗压强度试验机 2 台	不小于 80m²	必做，校内完成
		混凝土用集料检测实训	砂石方孔筛 8 套；鼓风烘箱 1 台；摇筛机 2 台	不小于 80m²	
		混凝土试配与检测	坍落度筒及其捣棒 8 套；混凝土试模 8 组；混凝土恒温恒湿养护箱 1 台；压力试验机 1 台	室外场地不小于 200m²；混凝土养护实训室不小于 50m²；强度检测利用学院力学实训室	
		钢筋检测	万能材料试验机 1 台	利用学院力学实训室进行检测	
		墙体材料检测	压力试验机 1 台	利用学院力学实训室进行检测	
3	建筑工程预算编制		建筑施工图、结构施工图，共 50 套	不小于 70m²	必做，校内完成
4	装饰工程预算编制		建筑施工图、结构施工图，共 50 套	不小于 70m²	必做，校内完成
5	工程量清单编制		建筑施工图、结构施工图、设备安装施工图，共 50 套	不小于 70m²	必做，校内完成
6	工程量清单报价编制		建筑施工图、结构施工图、设备安装施工图，共 50 套	不小于 70m²	必做，校内完成
7	工程结算编制		建筑施工图、结构施工图、设备安装施工图、设计变更、签证等，共 50 套	不小于 70m²	必做，校内完成
8	造价计量、计价软件应用		建筑施工图、结构施工图、给排水施工图、强弱电施工图，共 50 套，计算机 50 台，工程造价软件（网络版）1 套	不小于 100m²	必做，校内完成
9	工程造价综合实训		建筑施工图、结构施工图、给排水施工图、强弱电施工图、设计变更、签证等，共 50 套	不小于 100m²	必做，校内完成

序号	实践教学项目	主要设备、设施名称及数量	校内实训室（场地）面积（m²）	备注（均为校内完成）
10	复杂工程的工程量清单与清单报价编制	建筑施工图、结构施工图、给排水施工图、强弱电施工图，建筑面积不小于 5000 m²，共 50 套，计算机 50 台，工程造价软件（网络版）1 套	不小于 100m²	选做，校内完成
11	复杂工程的工程结算书的编制	建筑施工图、结构施工图、给排水施工图、强弱电施工图、设计变更、签证等，建筑面积不小于 5000 m²，共 50 套，计算机 50 台，工程造价软件（网络版）1 套	不小于 100m²	选做，校内完成
12	招投标文件编制实训	建筑施工图、结构施工图、给排水施工图、强弱电施工图，共 50 套，计算机 50 台，工程管理软件（网络版）1 套	不小于 100m²	选做，校内完成
13	建设工程技术资料编制实训	建筑施工图、结构施工图、给排水施工图、强弱电施工图，共 50 套，计算机 50 台，资料管理软件（网络版）1 套	不小于 100m²	选做，校内完成

注：表中实训设备及场地按一个教学班同时训练计算。

2. 校外实训基地的基本要求

当满足 200 个学生半年以上工程造价顶岗实习时，应建立 30 个及以上施工企业（二级及以上资质）、工程造价咨询企业的校外实训基地。制定较完善的校外顶岗实习管理制度、管理方法、指导方案。每个基地至少配 2 个企业兼职指导教师。

3. 信息网络教学条件

有供上网查阅有关工程造价专业资料、信息和上多媒体课的计算机和网络设备。

9.3 教材及图书、数字化（网络）资料等学习资源

1. 教材

优先选用教育部高职规划教材和国家精品课程的教材。

2. 图书及数字化资料

应有工程造价专业和相关专业的杂志、专业图书、本科教材的学习资料。建立工程造价专业教学资源库。

9.4 教学方法、手段与教学组织形式建议

"学生是学习的主体"，教学以学生为中心，根据学生的特点，在教学内容、教学方

法、教学手段等方面充分激发学生的学习兴趣，并调动他们的学习积极性。

建议采用通过实践证明切实有效的适合工程造价专业教学的"螺旋进度教学法"和"案例教学法"组织教学。

建议采用工学结合的课堂教学形式和现场教学形式，引导学生在"做中学、学中做"，不断提高学生的动手能力和专业技能。

9.5 教学评价、考核建议

建立学习效果的评价方法和体系。方法和体系建立的重点要反映"真实、有效、简便、系统"的原则。

真实是强调不弄虚作假；有效是要求收到好的效果；简便是指方便应用，成本低；系统是指设计好评价程序、评价用方法、评价用表格、评价数据处理方法，在校内、校外、理论学习、实践训练、学习态度、组织纪律、团队意识等方面，全面反应学生的综合素质。

要充分听取兼职教师在校内实训阶段、校外顶岗实习阶段对学生的评价意见，并将其作为评价学生综合素质的重要依据。

9.6 教学管理

1. 规范学分制的教学实施计划管理

每年的学分制教学实施计划要按规定的程序完成。要发挥专业带头人在专业建设中的作用，系主任要审阅全部文件，教学主管院长要把好办学方向关。建立教学管理的督导机制。

2. 规范考试、考核程序

考试（考核）的出题、审题、阅卷要有规范的程序，要有事故处理办法。有条件的学校可以建立试题库，由计算机组抽取试卷。

3. 规范教材管理

要规范教材选用办法，由专业带头人提出建议，教学主任确定，教务处认定。

4. 规范教研活动

教研活动要有计划、有记录、有成果，要定期检查和评价。要体现教研活动的基础性、实践性、有效性。

5. 规范日常教学管理

要有完整的日常教学管理规定。通过教学日常管理维持教学秩序，保证教学活动正常进行。

6. 规范学籍管理

通过学籍管理，正确反映学生的在校状况，按学籍管理规定及时提出处理学籍的建议和意见。

7. 规范教学档案管理

要建立教学档案管理室，通过专人管理来实现教学全过程的档案管理，为提高教学质量打好基础。

10 继续专业学习深造建议

10.1 继续学习的渠道

（1）本科院校举办的函授工程造价、工程管理专业学习。

（2）国家本科自学考试工程造价、工程管理专业学习。

（3）普通高等教育工程造价、工程管理专业专升本学习。

（4）工程造价、工程管理专业研究生学习。

10.2 国家执业资格考试

（1）全国注册造价工程师执业资格考试。

（2）全国注册资产评估师执业资格考试。

工程造价专业教学基本要求实施示例

1 构建课程体系的架构与说明

通过工程造价职业岗位工作内容的分析构建专业教学内容。

第一步，造价员岗位工作内容分析；

第二步，造价员岗位关键工作（技能）分析；

第三步，造价员岗位关键知识分析；

第四步，造价员岗位相关知识分析；

第五步，造价员岗位拓展知识分析；

通过工程造价岗位工作内容分析构建专业教学内容体系的过程见表1（不包文化基础知识）。

工程造价专业教学内容体系分析

造价员岗位工作内容	设计概算	施工图预算	施工预算	工程量清单报价	工程结算
关键工作（技能）	1.概算指标编制概算 2.概算定额编制概算 3.概算工程量计算 4.类似预算编制概算	1.定额工程量计算 2.预算定额使用 3.预算造价计算	1.定额工程量计算 2.企业定额使用 3.工料分析与汇总 4.直接费计算	1.清单工程量计算 2.定额工程量计算 3.综合单价编制 4.清单报价费用计算	1.签证工程量计算 2.索赔费用计算 3.工程造价计算 4.工程结算谈判
关键知识	1.识图与构造 2.建筑材料 3.施工工艺 4.概算原理 5.概算编制方法 6.概算软件	1.识图与构造 2.建筑材料 3.施工工艺 4.预算原理 5.预算编制方法 6.预算软件	1.识图与构造 2.建筑材料 3.施工工艺 4.预算原理 5.预算编制方法 6.施工预算软件	1.识图与构造 2.建筑材料 3.施工工艺 4.清单计价原理 5.清单报价编制方法 6.清单报价软件	1.识图与构造 2.建筑材料 3.施工工艺 4.结算原理 5.结算编制方法 6.结算软件 7.会计学基础
相关知识	1.工程招标投标与合同管理　2.建筑经济　3.建筑工程项目管理　4.定额编制方法				
拓展知识	1.建筑CAD　2.统计基础　3.国学				
实训环节	*1.房屋测绘实训	*2.工程量计算实训	*3.施工图预算实训	*4.清单报价实训	*5.工程结算实训
		*工程造价综合实训			
		*工程造价顶岗实习			
主干课程	1.建筑与装饰材料　2.建筑识图与构造　3.建筑施工工艺　4.建筑结构基础　5.工程造价概论　6.建筑工程概预算　7.装饰工程预算 8.工程造价计价　9.工程结算　10.造价软件应用　11.工程经济　12.建筑工程项目管理　13.钢筋工程量计算				
核心课程	1.工程造价概论　2.建筑工程概预算　3.装饰工程预算　4.工程量清单计价　5.工程结算				

2 专业核心课程简介

工程造价概论课程简介

附表 2

课程名称	工程造价概论	50 学时	理论 40 学时 实践 10 学时
教学目标	专业能力： 1. 掌握工程造价基本原理 2. 熟悉工程造价计价方式 3. 熟练编制工程单价 方法能力： 1. 建筑安装工程费用构成与造价计算程序设计方法 2. 定额编制方法、工程造价计价方式与方法 社会能力： 1. 培养学生学习能力 2. 培养学生的成本控制和企业效益的意识		
教学内容	单元 1. 工程造价计价方式简介 知识点：计价方式的概念、我国工程造价的主要计价方式 技能点：辨识我国主要计价方式 单元 2. 工程造价计价原理 知识点：建筑产品的特性，工程造价计价基本理论 技能点：工程造价计算模型的确定 单元 3. 工程单价 知识点：人工单价、材料单价、机械台班单价 技能点：编制人工单价、材料单价、机械台班单价 单元 4. 建筑工程定额 知识点：概算定额和概算指标、预算定额的构成与内容 技能点：应用预算定额 单元 5. 定额计价方式 知识点：建设项目投资估算、设计概算、施工预算、工程结算、竣工决算的概念与基本方法、施工图预算的编制方法 技能点：编制简单工程的施工图预算 单元 6. 清单计价方式 知识点：工程量清单编制内容、工程量清单报价编制内容、定额计价与清单计价的联系和区别 技能点：编制简单工程的工程量清单及报价		
实训项目及内容	项目 1. 简单工程施工图预算的编制 熟悉图纸及计算依据，计算定额工程量，计算工程造价，填写施工图预算表格 项目 2. 简单工程的工程量清单及计价 熟悉图纸及计算依据，计算清单工程量，计算清单报价，填写清单报价相关表格		

课程名称	工程造价概论	50 学时	理论 40 学时 实践 10 学时
教学方法建议	1. 多媒体演示法 2. 讲授法 3. 小组讨论法 4. 案例教学法 5. 螺旋进度教学法		
考核评价要求	1. 课堂提问 2. 完成给定的案例、五级评分 3. 学生自评		

建筑工程预算课程简介　　　　　　　　　　　　　　　　　附表 3

课程名称	建筑工程预算	90 学时	理论 60 学时 实践 30 学时
教学目标	专业能力： 1. 掌握建筑工程预算定额应用 2. 熟悉建筑安装工程费用划分 3. 掌握建筑安装工程费用计算方法 4. 掌握建筑工程量计算方法 5. 掌握建筑工程造价费用计算 方法能力： 1. 使用定额的能力 2. 计算建安工程费的能力 3. 计算工程量的能力 4. 计算工程造价的能力 社会能力： 1. 培养学生发现问题、解决问题的能力以及协调沟通能力 2. 培养学生的合同意识和法律意识 3. 培养学生的成本控制和企业效益的意识 4. 培养学生的学习能力		
教学内容	单元 1. 建筑工程预算定额应用 知识点：预算定额的内容构成，预算定额的换算 技能点：建筑定额的使用 单元 2. 建筑安装工程费用划分与计算方法 　知识点：建筑安装工程费用的概念，建筑安装工程费用的划分，建筑安装工程费用计算方法 技能点：计算建筑安装工程费 单元 3. 建筑工程工程量计算 　知识点：建筑面积计算，土石方工程量计算，砖石分部工程量计算，脚手架工程量计算，混凝土分部工程量计算，金属结构工程量计算，门窗工程量计算，楼地面工程量计算，屋面工程量计算，装饰工程量计算方法 技能点：计算建筑工程工程量 　单元 4. 建筑工程工程造价费用计算 　知识点：直接费计算及工料机用量分析方法，掌握规费计算，掌握企业管理计算，掌握利润与税金计算 技能点：编制建筑工程工程造价		

课程名称	建筑工程预算	90 学时	理论 60 学时 实践 30 学时
实训项目及内容	项目 1. 建筑工程定额工程量的计算 熟悉图纸及计算依据，计算定额工程量 项目 2. 建筑工程工程造价的编制 熟悉图纸及计算依据，计算定额工程量，计算工程造价，填写施工图预算表格		
教学方法建议	1. 讲授法 2. 案例教学法 3. 多媒体演示法 4. 小组讨论法 5. 现场教学法 6. 螺旋进度教学法		
考核评价要求	1. 课堂提问 2. 完成给定的案例、五级评分 3. 根据完成的实习报告，检查学生学习收获 4. 学生自评		

装饰工程预算课程简介　　　　　　　　　　　　　　　　　　附表 4

课程名称	装饰工程预算	40 学时	理论 25 学时 实践 15 学时
教学目标	专业能力： 1. 熟悉装饰工程定额的应用 2. 掌握装饰工程工程量计算及装饰工程工程造价计算方法 方法能力： 1. 使用装饰工程预算定额的能力 2. 编制装饰工程工程预算的能力 社会能力： 1. 培养学生发现问题、解决问题的能力以及协调沟通能力 2. 培养学生的合同意识和法律意识 3. 培养学生的成本控制和企业效益的意识 4. 培养学生的学习能力		
教学内容	单元 1. 装饰工程预算定额应用 知识点：装饰工程预算定额的内容构成，装饰工程预算定额的换算 技能点：装饰工程定额的使用 单元 2. 装饰工程工程量计算 知识点：楼地面工程量计算、墙柱面工程量计算、天棚工程量计算、门窗工程量计算、油漆与涂料工程量计算 技能点：装饰工程工程量的计算 单元 3. 装饰工程工程造价费用计算 知识点：直接费计算及工料机用量分析，掌握间接费计算，掌握利润与税金计算 技能点：计算装饰工程工程造价费用		

课程名称	装饰工程预算	40 学时	理论 25 学时 实践 15 学时
实训项目及内容	项目 1. 装饰工程定额工程量的计算 熟悉图纸及计算依据，计算定额工程量 项目 2. 装饰工程工程造价的编制 熟悉图纸及计算依据，计算定额工程量，计算工程造价，填写施工图预算表格		
教学方法建议	1. 讲授法 2. 案例教学法 3. 多媒体演示法 4. 小组讨论法 5. 现场教学法 6. 螺旋进度教学法		
考核评价要求	1. 课堂提问 2. 完成给定的案例、五级评分 3. 根据完成的实习报告，检查学生学习收获 4. 学生自评		

工程量清单计价课程简介 附表 5

课程名称	工程量清单计价	50 学时	理论 35 学时 实践 15 学时
教学目标	专业能力： 1. 熟悉《建设项目工程量清单计价规范》内容 2. 掌握清单工程量计算以及工程量清单编制方法 3. 掌握综合单价编制、招标控制价编制、投标报价编制 方法能力： 1. 工程量清单编制能力 2. 招标控制价编制能力、投标报价编制能力 3. 投标技巧 社会能力： 1. 培养学生发现问题、解决问题的能力以及协调沟通能力 2. 培养学生的合同意识和法律意识 3. 培养学生的成本控制和企业效益的意识 4. 培养学生的学习能力		
教学内容	单元 1. 工程量清单编制 知识点：《建设工程工程量清单计价规范》的作用及内容、清单计价与定额计价的联系与区别、工程量清单计价表格使用 技能点：编制建筑工程工程量清单、编制装饰装修工程工程量清单、编制安装工程工程量清单 单元 2. 工程量清单报价编制 知识点：分部分项工程项目与措施项目的组价工程量计算方法、分部分项工程项目与措施项目综合单价计算方法、分部分项工程费、措施项目费、其他项目费、规费和税金的计算方法、投标技巧 技能点：编制工程量清单报价		

课程名称	工程量清单计价	50 学时	理论 35 学时 实践 15 学时
实训项目及内容	项目 1. 工程量清单的编制 熟悉图纸及计算依据，计算清单工程量，计算工程造价，填写工程量清单表格 项目 2. 工程量清单报价的编制 熟悉图纸及计算依据，计算定额工程量，计算工程造价，根据清单填写计价表格		
教学方法建议	1. 讲授法 2. 多媒体演示法 3. 案例教学法 4. 小组讨论法 5. 螺旋进度教学法		
考核评价要求	1. 课堂提问 2. 完成给定的案例、五级评分 3. 学生自评		

工程结算课程简介　　　　　　　　　　　　　　　　　　　　　　　　**附表 6**

课程名称	工程结算	50 学时	理论 30 学时 实践 20 学时
教学目标	专业能力： 1. 掌握工程量调整计算方法 2. 熟悉费用调整依据 3. 掌握费用调整方法 4. 熟悉结算书编制方法 方法能力： 1. 结算资料的整理、审核和使用 2. 结算书编制能力 社会能力： 1. 培养学生发现问题、解决问题的能力以及协调沟通能力 2. 培养学生的合同意识和法律意识 3. 培养学生的成本控制和企业效益的意识 4. 培养学生的学习能力		
教学内容	单元 1. 工程量调整 知识点：工程结算编制依据、工程结算编制方法、结算资料整理和审核、工程量增减计算 技能点：依据变更计算增减工程量 单元 2. 费用调整 知识点：人工费、材料费、机械台班费、管理费调整依据、人工费、材料费、机械台班费、管理费调整方法 技能点：人工费、材料费、机械台班费、管理费的调整 单元 3. 结算书编制 知识点：利润、税金调整依据和调整方法 技能点：利润与税金的调整与计算、汇总编制工程结算书		

课程名称	工程结算	50 学时	理论 30 学时 实践 20 学时
实训项目及内容	项目 1. 工程结算编制 熟悉图纸、计算依据和结算资料，计算变更工程量，调整人工费、材料费、机械台班费、管理费，编制工程计算书		
教学方法建议	1. 讲授法 2. 多媒体演示法 3. 案例教学法 4. 小组讨论法 5. 螺旋进度教学法		
考核评价要求	1. 课堂提问 2. 完成给定的案例、五级评分 3. 学生自评		

3 教学进程安排及说明

3.1 专业教学进程安排（见附表 7，按校内 5 学期安排）

工程造价专业教学进程安排 附表 7

课程类别	序号	课程名称	学时			课程按学期安排					
			理论	实践	合计	一	二	三	四	五	六
必修课		一、文化基础课									
	1	思想道德修养与法律基础	50		50	√					
	2	毛泽东思想与中国特色社会主义理论体系	60		60		√				
	3	形势与政策	20		20			√			
	4	国防教育与军事训练	36		36	√					
	5	英语	100		100	√	√	√			
	6	体育	80		80	√	√				
	7	高等数学	70		70	√					
	8	线性代数	40		40		√				
	9	概论与数理统计	40		40			√			
	10	国学	50		50			√			
	11	计算机基础	40		40		√				
	小计		586		586						

课程类别	序号	课程名称	学时			课程按学期安排					
			理论	实践	合计	一	二	三	四	五	六
必修课		二、专业课									
	12	工程经济	30		30		√				
	13	建筑识图与构造	70	20	90	√					
	14	建筑与装饰材料	40	10	50	√					
	15	建筑施工工艺	50	10	60		√				
	16	建筑结构基础	40	10	50		√				
	17	★工程造价概论	40	10	50		√				
	18	钢筋工程量计算	20	20	40			√			
	19	★建筑工程预算	60	30	90			√			
	20	★装饰工程预算	25	15	40			√			
	21	★工程量清单计价	35	15	50					√	
	22	★工程结算	30	20	50					√	
	23	工程造价软件应用	20	20	40					√	
	24	建筑工程项目管理	50	20	70				√		
		小计	510	200	710						
选修课		三、限选课									
	25	工程招投标与合同管理	40	10	50			√			
	26	建筑经济	40		40			√			
	27	定额编制原理	20	10	30				√		
	28	建筑工程资料管理	30		30				√		
		小计	130	30	160						
		四、任选课	100		100						
		小计	100		100	√	√	√			
合计			1326	230	1556						

注：1. 标注★的课程为专业核心课程。

2. 限选课由学院根据自身情况在限选课范围内选择开设。

3. 任选课由学校根据情况自主开设。

3.2 实践教学安排（见附表8）

工程造价专业实践教学安排 　　　　　　附表8

序号	项目名称	教学内容	对应课程	学时	实践教学项目按学期安排					
					一	二	三	四	五	六
1	房屋测绘	识读两个以上工程的完整的建筑施工图和结构施工，测绘两个以上工程。	建筑识图与构造	30	√					

序号	项目名称	教学内容	对应课程	学时	实践教学项目按学期安排					
					一	二	三	四	五	六
2	建筑材料检测实训	水泥检测，砂、石检测，混凝土试配与检测，钢筋检测，墙体材料检测。	建筑与装饰材料	10	✓					
3	建筑工程预算编制实训	计算建筑工程量、直接费、间接费、工程造价费用。	建筑工程预算	60			✓			
4	装饰工程预算编制实训	计算装饰工程量、直接费、间接费、工程造价费用。	装饰工程预算	30			✓			
5	工程量清单编制实训	计算分部分项工程量、计算措施项目工程量，措施项目确定，其他项目确定，规费项目确定，税金项目确定。	工程量清单计价	30					✓	
6	工程量清单计价编制实训	编制综合单价，计算分部分项工程量清单费、措施项目清单费、其他项目清单费、规费和税金。	工程量清单计价	60					✓	
7	工程结算编制实训	计算结算工程量、直接费、间接费、结算工程造价计算。	工程结算	30					✓	
8	造价计量、计价软件应用实训	建筑工程算量、钢筋工程量计算、清单报价编制。	造价软件应用	60					✓	
9	工程造价综合实训	建筑工程、装饰工程、水电安装工程施工图预算编制。建筑工程、装饰工程、水电安装工程工程量清单报价书编制。建筑工程、装饰工程、水电安装工程工程结算书编制。	工程造价综合实训	240					✓	
10	顶岗实习		18周×30学时	540						✓
合计				1930						

注：每周按30学时计算。

3.3 教学安排说明

建议总学分为140学分，按16学时计算1学分；实训、实习每周计算1学分。

附录 2

高职高专教育工程造价专业校内实训及校内实训基地建设导则

1 总　　则

1.0.1 为了加强和指导高职高专教育工程造价专业校内实训教学和实训基地建设，强化学生实践能力，提高人才培养质量，特制定本导则。

1.0.2 本导则依据工程造价专业学生的专业能力和知识的基本要求制定，是《高职高专教育工程造价专业教学基本要求》的组成部分。

1.0.3 本导则适用于工程造价专业校内实训教学和实训基地建设。

1.0.4 本专业校内实训应与校外实训相互衔接，实训基地应与其他相关专业及课程的实训实现资源共享。

1.0.5 工程造价专业校内实训教学和实训基地建设，除应符合本导则外，尚应符合国家现行标准、政策的有关规定。

2 术　　语

2.0.1 在学校控制状态下，按照人才培养规律与目标，对学生进行职业能力训练的教学过程。

2.0.2 基本实训项目

与专业培养目标联系紧密，且学生必须在校内完成的职业能力训练项目。

2.0.3 选择实训项目

与专业培养目标联系紧密，应当开设，但是根据学校实际情况选择在校内或校外完成的职业能力训练项目。

2.0.4 拓展实训项目

与专业培养目标相联系，体现学校和专业发展特色，可在学校开展的职业能力训练项目。

2.0.5 实训基地

实训教学实施的场所，包括校内实训基地和校外实训基地。

2.0.6 共享性实训基地

与其他院校、专业、课程公用的实训基地。

2.0.7 理实一体化教学法

即理论实践一体化教学法，将专业理论课与专业实践课的教学环节进行整合，通过设定的教学任务，实现边教、边学、边做。

3 校内实训教学

3.1 一般规定

3.1.1 工程造价专业必须开设本导则规定的基本实训项目，且应在校内完成。

3.1.2 工程造价专业应开设本导则规定的选择实训项目，且宜在校内完成。

3.1.3 学校可根据本校专业特色，选择开设拓展实训项目。

3.1.4 实训项目的训练环境宜符合造价工作的真实环境。

3.1.5 本章所列实训项目，可根据学校所采用的课程模式、教学模式和实训教学条件，采取理实一体化教学或独立于理论教学进行训练；可按单个项目开展训练或多个项目综合开展训练。

3.2 基本实训项目

3.2.1 本专业的校内基本实训包括房屋测绘实训、建筑工程预算编制实训、装饰工程预算编制实训、工程量清单编制实训、工程量清单报价编制实训、工程结算编制实训、造价计量、计价软件应用实训、工程造价综合实训。

3.2.2 本专业的基本实训项目应符合表3.2.2的要求。

工程造价专业的基本实训项目 表 3.2.2

序号	实训名称	能力目标	实训内容	实训方式	评价要求
1	房屋测绘实训	能够采用简单工具对房屋进行测绘以及识读一般建筑的施工图	1. 利用皮尺等工具对学校内建筑物进行测绘 2. 将测绘成果与此房屋的施工图进行对比	测绘、识图	根据学生完成测绘的速度以及测绘成果的质量进行评价
2	建筑材料检测实训	能通过检测材料判定材料性能。学会分析施工图中的所使用的各种建筑和装饰材料	1. 水泥检测 2. 混凝土用集料检测实训 3. 混凝土试配与检测 4. 钢筋检测 5. 墙体材料检测	实操、观摩	根据任务完成计划情况、成果质量、面试等环节确定总评成绩，同时要求学生总结成果并展示
3	建筑工程预算编制实训	能够完整的编制一般工程的施工图预算（建筑工程部分）	1. 计算分项工程的工程量 2. 计算分项工程基价 3. 汇总成工程预算价格	实操	用真实的工程图纸作为编制工程预算的对象，根据学生实际操作的完成时间和结果进行评价，操作结果应参照相应现行预算定额
4	装饰工程预算编制实训	能够完整的编制一般工程的施工图预算（装饰工程部分）	1. 计算分项工程的工程量 2. 计算分项工程基价 3. 汇总成工程预算总价格	实操	用真实的工程图纸作为编制工程预算的对象，根据学生实际操作的完成时间和结果进行评价，操作结果应参照相应现行预算定额

序号	实训名称	能力目标	实训内容	实训方式	评价要求
5	工程量清单编制实训	能够完成一般工程的工程量清单	1. 编制工程量清单	实操	用真实的工程图纸作为编制工程预算的对象，根据学生实际操作的完成时间和结果进行评价，操作结果应参照相应现行清单计价规范
6	工程量清单报价编制实训	能够完成一般工程的工程量招标控制价以及投标报价的编制	1. 根据工程量清单编制招标控制价 2. 根据工程量清单编制投标报价	实操	根据学生实际操作的完成时间和结果进行评价，操作结果应参照相应现行的清单计价规范、预算定额以及相关的标准图集
7	工程结算编制实训	能够完成一般工程的工程结算的编制	1. 根据已有工程的施工图预算以及设计变更、现场签证等资料编写工程结算	实操	用真实的工程图纸作为计算的对象，根据学生实际操作的完成时间和结果进行评价，操作结果应参照相应现行的预算定额以及相关的标准图集
8	造价计量、计价软件应用实训	能够利用造价软件完成一般工程的工程量计算、施工图预算编制以及清单报价编制	1. 利用造价软件计算建筑、装饰、水电安装工程量 2. 利用造价软件编制工程量清单以及清单报价	实操	用真实的工程图纸作为计算的对象，根据学生实际操作的完成时间和结果进行评价，操作结果应参照相应现行的清单计价规范、预算定额以及相关的标准图集
9	工程造价综合实训	能够完成一定规模工程的建筑工程、装饰工程、水电安装工程施工图预算编制、工程量清单报价书编制。以及工程结算书编制	1. 编制建筑工程、装饰工程、水电安装工程施工图预算 2. 编制建筑工程、装饰工程、水电安装工程量清单报价书 3. 编制工程结算	实操	用真实的工程图纸作为计算的对象，根据学生实际操作的完成时间和结果进行评价，操作结果应参照相应现行的清单计价规范、预算定额以及相关的标准图集

3.3 选择实训项目

3.3.1 工程造价专业的校内选择实训包括复杂工程的工程量清单与清单报价编制实训、复杂工程的工程结算编制实训。

3.3.2 工程造价专业的选择实训项目应符合表 3.3.2 的要求。

序号	实训名称	能力目标	实训内容	实训方式	评价要求
1	复杂工程的工程量清单与清单报价编制实训（建筑面积不小于5000m²）	能编制复杂工程的工程量清单与清单报价	1. 编制工程量清单 2. 根据工程量清单编制招标控制价及投标报价	实操	用真实的工程图纸作为计算的对象，根据学生实际操作的完成时间和结果进行评价，操作结果应参照相应现行的清单计价规范、预算定额以及相关的标准图集
2	复杂工程的工程结算编制实训（建筑面积不小于5000m²）	能编制复杂工程的工程结算	1. 根据已有工程的施工图预算以及设计变更、现场签证等资料编写工程结算	实操	用真实的工程图纸作为计算的对象，根据学生实际操作的完成时间和结果进行评价，操作结果应参照相应现行的清单计价规范、预算定额以及相关的标准图集

3.4 拓展实训项目

3.4.1 工程造价专业可根据本学校专业特色，自主开设招投标文件编制实训、建设工程技术资料编制实训项目。

3.4.2 工程造价专业的拓展实训项目宜符合表 3.4.2 的要求。

工程造价专业的拓展实训项目   表 3.4.2

序号	实训名称	能力目标	实训内容	实训方式	评价要求
1	招投标文件编制实训	能编制一般工程的招投标文件	一般工程的招投标文件编制	技术文件编制	根据招投标文件编制的过程和结果进行评价，编制结果参照国家有关的招投标文件编制规范
2	建设工程技术资料编制实训	能编制一般工程的建设工程技术资料	一般土建工程的施工技术资料编制	技术文件编制	根据施工技术资料编制过程和结果进行评价

3.5 实训教学管理

3.5.1 各院校应将实训教学项目列入专业培养方案，所开设的实训项目应符合本导则要求。

3.5.2 每个实训项目应有独立的教学大纲和考核标准，以及实训项目的任务书和指导书。

3.5.3 学生的实训成绩应在学生学业评价中占一定的比例，独立开设的实训项目应单独记录成绩。

4 校内实训基地

4.1 一般规定

4.1.1 校内实训基地的建设，应符合下列原则和要求：

1 因地制宜、开拓创新，具有实用性、先进性和效益性，满足学生职业能力培养的需要；

2 源于现场、高于现场，尽可能体现真实的职业环境，体现本专业领域新材料、新技术、新工艺、新设备；

3 实训设备应优先选用工程用设备。

4.1.2 各院校应根据学校区位、行业和专业特点，积极开展校企合作，探索共同建设生产实训基地的有效途径，积极探索虚拟工艺、虚拟现场等实训新手段。

4.1.3 各院校应根据区域学校、专业以及企业布局情况，统筹规划、建设共享型实训基地，努力实现实训资源共享，发挥实训基地在实训教学、员工培训、技术研发等多方面的作用。

4.2 校内实训基地建设

4.2.1 基本实训项目的实训设备（设施）和实训室（场地）是开设本专业的基本条件，各院校应达到本节要求。

选择实训项目、拓展实训项目，其实训设备（设施）和实训室（场地）应符合本节要求。

4.2.2 工程造价专业校内实训基地的场地最小面积、主要设备名称及数量见表 4.2.2-1～表 4.2.2-12。

注：本导则按照一个教学班实训计算实训设备（设施）。

房屋测绘实训 　　　　　　　　　　　　　　　　　表 4.2.2-1

序号	实训任务	实训类别	主要设备（设施名称）	单位	数量	实训室面积
1	房屋测绘	基本实训	建筑施工图	套	50	不小于100m²
			皮尺	件	12	

建筑工程预算编制实训 　　　　　　　　　　　　　表 4.2.2-2

序号	实训任务	实训类别	主要设备（设施名称）	单位	数量	实训室面积
1	建筑工程预算编制	基本实训	建筑施工图、结构施工图	套	50	不小于70m²

装饰工程预算编制实训 　　　　　　　　　　　　　表 4.2.2-3

序号	实训任务	实训类别	主要设备（设施名称）	单位	数量	实训室面积
1	装饰工程预算编制	基本实训	建筑施工图、结构施工图	套	50	不小于70m²

工程量清单编制实训

表 4.2.2-4

序号	实训任务	实训类别	主要设备（设施名称）	单位	数量	实训室面积
1	工程量清单编制	基本实训	建筑施工图、结构施工图、给排水施工图、强弱电施工图	套	50	不小于 70m²

工程量清单报价编制实训

表 4.2.2-5

序号	实训任务	实训类别	主要设备（设施名称）	单位	数量	实训室面积
1	工程量清单报价编制	基本实训	建筑施工图、结构施工图、给排水施工图、强弱电施工图	套	50	不小于 70m²

工程结算编制实训

表 4.2.2-6

序号	实训任务	实训类别	主要设备（设施名称）	单位	数量	实训室面积
1	工程结算编制	基本实训	建筑施工图、结构施工图、给排水施工图、强弱电施工图、设计变更、签证等	套	50	不小于 70m²

造价计量、计价软件应用实训

表 4.2.2-7

序号	实训任务	实训类别	主要设备（设施名称）	单位	数量	实训室面积
1	造价计量、计价软件应用	基本实训	建筑施工图、结构施工图、给排水施工图、强弱电施工图	套	50	不小于 100m²
			计算机	台	50	
			造价软件（网络版）	套	1	

工程造价综合实训

表 4.2.2-8

序号	实训任务	实训类别	主要设备（设施名称）	单位	数量	实训室面积
1	工程造价综合实训	基本实训	建筑施工图、结构施工图、给排水施工图、强弱电施工图、设计变更、签证等	套	50	不小于 100m²

复杂工程清单报价编制实训

表 4.2.2-9

序号	实训任务	实训类别	主要设备（设施名称）	单位	数量	实训室面积
1	复杂工程的工程量清单与清单报价编制（建筑面积不小于 5000m²）	选择实训	建筑施工图、结构施工图、给排水施工图、强弱电施工图	套	50	不小于 100m²
			计算机	台	50	
			工程造价软件（网络版）	套	1	

复杂工程工程结算编制实训　　　　　　　　　　　　　表 4.2.2-10

序号	实训任务	实训类别	主要设备（设施名称）	单位	数量	实训室面积
1	复杂工程的工程结算书的编制（建筑面积不小于 5000m²）	选择实训	建筑施工图、结构施工图、给排水施工图、强弱电施工图	套	50	不小于 100m²
			计算机	台	50	
			工程造价软件（网络版）	套	1	

招投标文件编制实训（软件）实训　　　　　　　　表 4.2.2-11

序号	实训任务	实训类别	主要设备（设施名称）	单位	数量	实训室面积
1	招投标文件编制实训	拓展实训	建筑施工图、结构施工图、给排水施工图、强弱电施工图	套	50	不小于 100m²
			计算机	台	50	
			工程管理软件（网络版）	套	1	

建设工程技术资料编制实训（软件）实训　　　　　表 4.2.2-12

序号	实训任务	实训类别	主要设备（设施名称）	单位	数量	实训室面积
1	建设工程技术资料编制实训	拓展实训	资料柜	件	10	不小于 100m²
			计算机	台	50	
			资料管理软件（网络版）	套	1	

5　实 训 师 资

5.1　一 般 规 定

5.1.1　实训教师应履行指导实训、管理实训学生和对实训进行考核评价的职责。实训教师可以专兼职。

5.1.2　学校应建立实训教师队伍建设的制度和措施，有计划对实训教师进行培训。

5.2　实训师资数量与结构。

5.2.1　学校应依据实训教学任务、学生人数合理配置实训教师，每个实训项目不宜少于 2 人。

5.2.2　各院校应努力建设专兼结合的实训教师队伍，专兼职比例宜为 1∶1。

5.3　实训师资能力及水平

5.3.1　学校专任实训教师应熟练掌握相应实训项目的技能，宜具有工程实践经验及相关职业资格证书，具备中级（含中级）以上专业技术职务。

5.3.2　企业兼职实训教师应具备本专业理论知识和实践经验，经过教育理论培训；指导工种实训的兼职教师应具备相应专业技术等级证书，其余兼职教师应具有中级及以上专业技术职务。

附录 A 校 外 实 训

A.1 一 般 规 定

A.1.1 校外实训是学生职业能力培养的重要环节，各院校应高度重视，科学实施。

A.1.2 校外实训应以实际工程项目为依托，以实际工作岗位为载体，侧重于学生职业综合能力的培养。

A.2 校 外 实 训 基 地

A.2.1 建筑工程技术专业校外实训基地应建立在具有较好资质的房屋建筑工程施工总承包和专业承包企业。

A.2.2 校外实训基地应能提供本专业培养目标相适应的职业岗位，并宜对学生实施轮岗实训。

A.2.3 校外实训基地应具备符合学生实训的场所和设施，具备必要的学习及生活条件，并配置专业人员指导学生实训。

A.3 校 外 实 训 管 理

A.3.1 校企双方应签订协议，明确责任，建立有效的实习管理工作制度。

A.3.2 校企双方应有专门机构和专门人员对学生实训进行管理和指导。

A.3.3 校企双方应共同制定学生实训安全制度，采取相应措施保证学生实训安全，学校应为学生购买意外伤害保险。

A.3.4 校企双方应共同成立学生校外实训考核评价机构，共同制定考核评价体系，共同实施校外实训考核评价。

附录 B 本导则引用标准

《混凝土结构施工图平面整体表示方法制图规则和构造详图》11G101
《建设工程工程量清单计价规范》GB 50500
《建设工程项目管理规范》GB/T 50326
《建筑施工组织设计规范》GB/T 50502

本导则用词说明

为了便于在执行本导则条文时区别对待，对要求严格程度不同的用词说明如下：

1. 表示很严格，非这样做不可的用词：

正面词采用"必须"；

反面词采用"严禁"。

2. 表示严格，在正常情况下均应这样做的用词：

正面词采用"应"；

反面词采用"不应"或"不得"。

3. 表示允许稍有选择，在条件许可时首先应这样做的用词：

正面词采用"宜"或"可"；

反面词采用"不宜"。